水产养殖业绿色发展技术丛书

名优龟鳖

绿色高效养殖

技术与实例

农业农村部渔业渔政管理局　组编
张海琪　主编

MINGYOU GUIBIE
LÜSE GAOXIAO YANGZHI
JISHU YU SHILI

中国农业出版社
北　京

图书在版编目（CIP）数据

名优龟鳖绿色高效养殖技术与实例／农业农村部渔业渔政管理局组编；张海琪主编．—北京：中国农业出版社，2022.4

（水产养殖业绿色发展技术丛书）

ISBN 978-7-109-29312-0

Ⅰ.①名… Ⅱ.①农… ②张… Ⅲ.①龟鳖目—淡水养殖 Ⅳ.①S966.5

中国版本图书馆 CIP 数据核字（2022）第 057829 号

中国农业出版社出版

地址：北京市朝阳区麦子店街 18 号楼

邮编：100125

策划编辑：郑　珂　王金环

责任编辑：王金环　文字编辑：蔺雅婷

版式设计：王　晨　责任校对：吴丽婷

印刷：北京通州皇家印刷厂

版次：2022 年 4 月第 1 版

印次：2022 年 4 月北京第 1 次印刷

发行：新华书店北京发行所

开本：880mm×1230mm　1/32

印张：6　插页：8

字数：200 千字

定价：48.00 元

丛书编委会

本书编委会

主　编　张海琪（浙江省淡水水产研究所）

副主编　林　锋（浙江省淡水水产研究所）

　　　　邱亢铖（全国水产技术推广总站）

参　编　（按姓氏笔画排序）

　　　　马　坤（浙江清溪鳖业股份有限公司）

　　　　王建波（全国水产技术推广总站）

　　　　刘长军（象山县水产技术推广站）

　　　　许晓军（浙江省农业科学院）

　　　　李　明（金华市水产技术推广站）

　　　　吴春其（浙江省嘉善县农业局）

　　　　陈建明（浙江省淡水水产研究所）

　　　　郝贵杰（浙江省淡水水产研究所）

　　　　胡大胜（广西壮族自治区水产技术推广站）

　　　　盛鹏程（浙江省淡水水产研究所）

　　　　蒋业林（安徽省农业科学研究院）

丛书序

2019 年，经国务院批准，农业农村部等 10 部委联合印发了《关于加快推进水产养殖业绿色发展的若干意见》（以下简称《意见》），围绕加强科学布局、转变养殖方式、改善养殖环境、强化生产监管、拓宽发展空间、加强政策支持及落实保障措施等方面作出全面部署，对水产养殖业转型升级具有重大意义。

随着人们生活水平的提高，目前我国渔业的主要矛盾已经转化为人民对优质水产品和优美水域生态环境的需求，与水产品供给结构性矛盾突出与渔业对资源环境的过度利用之间的矛盾。在这种形势背景下，树立"大粮食观"，贯彻落实《意见》，坚持质量优先、市场导向、创新驱动、以法治渔四大原则，走绿色发展道路，是我国迈进水产养殖强国之列的必然选择。

"绿水青山就是金山银山"，向绿色发展前进，要靠技术转型与升级。为贯彻落实《意见》，推行生态健康绿色养殖，尤其针对养殖规模大、覆盖面广、产量产值高、综合效益好、市场前景广阔的水产养殖品种，率先开展绿色养殖技术推广，使水产养殖绿色发展理念深入人心，农业农村部渔业渔政管理局与中国农业出版社共同组织策划，组建了由院士领衔的高水平编委会，依托国家现代农业产业技术体系、全国水产技术推广总站、中国水产学会等组织和单位，遴选重要的水产养殖品种，邀请产业上下游的高校、科研院所、推广机构以及企业的相关专家和技术人员编写了这套"水产养殖业绿色发展技术丛书"，宣传推广绿色养殖技术与模式，以促进渔业转型升级，保障重要水产品有效供给和促进渔民持续增收。

这套丛书基本涵盖了当前国家水产养殖主导品种和主推技术，围绕《意见》精神，着重介绍养殖品种相关的节能减排、集约高效、立体生态、种养结合、盐碱水域资源开发利用、深远海养殖等绿色养殖技术。丛书具有四大特色：

突出实用技术，倡导绿色理念。丛书的撰写以"技术＋模式＋案例"的主线，技术嵌入模式，模式改良技术，颠覆传统粗放、简陋的养殖方式，介绍实用易学、可操作性强、低碳环保的养殖技术，倡导水产养殖绿色发展理念。

图文并茂，融合多媒体出版。在内容表现形式和手法上全面创新，在语言通俗易懂、深入浅出的基础上，通过"插视"和"插图"立体、直观地展示关键技术和环节，将丰富的图片、文档、视频、音频等融合到书中，读者可通过手机扫二维码观看视频，轻松学技术、长知识。

品种齐全，适用面广。丛书遴选的养殖品种养殖规模大、覆盖范围广，涵盖国家主推的海、淡水主要养殖品种，涉及稻渔综合种养、盐碱地渔农综合利用、池塘工程化养殖、工厂化循环水养殖、鱼菜共生、尾水处理、深远海网箱养殖、集装箱养鱼等多种国家主推的绿色模式和技术，适用面广。

以案说法，产销兼顾。丛书不但介绍了绿色养殖实用技术，还通过案例总结全国各地先进的管理和营销经验，为养殖者通过绿色养殖和科学经营实现致富增收提供参考借鉴。

    本套丛书在编写上注重理念与技术结合、模式与案例并举，力求从理念到行动、从基础到应用、从技术原理到实施案例、从方法手段到实施效果，以深入浅出、通俗易懂、图文并茂的方式系统展开介绍，使"绿色发展"理念深入人心、成为共识。丛书不仅可以作为一线渔民养殖指导手册，还可作为渔技员、水产技术员等培训用书。

    希望这套丛书的出版能够为我国水产养殖业的绿色发展作出积极贡献！

    农业农村部渔业渔政管理局局长：

                                      2021 年 11 月

前　言　FOREWORD

　　为了进一步提高广大龟鳖养殖者自我发展能力和科技文化等综合素质，造就一批爱农业、懂技术、善经营的高素质渔民，我们根据龟鳖养殖产业绿色发展的需要，编写了本书。全书共5章，第一章主要介绍龟鳖的起源与分布、养殖优势、国内外龟鳖产业现状及市场前景与风险防范；第二章主要介绍龟鳖的形态、食性、生长和繁殖习性以及主要品种；第三章着重介绍龟鳖的苗种、成鱼、饲料、病害、渔药、养殖尾水处理等方面的绿色高效和生态健康养殖方法、技术或模式；第四章主要介绍龟鳖的食用价值、加工方法，并列出10种常见食谱；第五章主要介绍浙江清溪鳖业股份有限公司、安徽蓝田特种龟鳖有限公司等农业企业、农民专业合作社及家庭农场从事龟鳖生产经营的实践经验。全书内容全面、技术先进、文字精练、图文并茂、通俗易懂、编排新颖，可供广大龟鳖养殖企业管理人员、农民专业合作社社员、家庭农场成员、龟鳖爱好者阅读，也可作为龟鳖生产技术人员、渔业技术推广人员的技术辅导参考用书，还可作为高职高专院校、成人教育农林牧渔等专业用书。

由于编者水平有限，书中难免有不妥之处，敬请广大读者提出宝贵意见，以便进一步修订和完善。

张海琪

2021 年 11 月

目 录 CONTENTS

第四章　龟鳖的营养功效与食用加工 / 87

第五章　龟鳖绿色养殖典型案例 / 101

第一章 龟鳖养殖发展概况

第一节　起源与分布

　　龟鳖是古老而特化的一类爬行动物，早在两亿年前就在地球上繁衍。据考证，最早的龟是南非二叠纪的正南龟，已有骨质壳匣。中国最早报道的陆龟代表是产自河南淅川的淅川中厚龟，生活于4 000万年前。龟类在地质发展过程中曾有过繁荣昌盛时期，但经过漫长的演化，到中生代晚期，龟类发展了侧颈龟类和曲颈龟类2个群，并延续至今。鳖类是从早期的原始龟类演变进化而来的。对鳖类化石的研究结果显示，最早的鳖类出现于1亿年前的白垩纪，以古鳖为代表。

　　据报道，世界现存龟鳖仅13科87属257种（赵尔宓，1997），中国养殖龟鳖种类有38种，主要有龟鳖目鳖科的中华鳖、山瑞鳖、珍珠鳖等5种（周婷等，2013），龟科的乌龟、彩耳龟、三线闭壳龟、黄喉拟水龟等33种。中国龟鳖类的种类虽少，但其种质资源丰富，经济利用价值主要包括食用、医用与观赏等，可以说龟鳖类全身是宝，因此在生态学与生物学各领域中都占有十分重要的地位。

　　名优龟鳖主要有中华鳖、乌龟、三线闭壳龟、黄喉拟水龟、鳄龟等（彩图1）。中华鳖又称鳖、甲鱼、团鱼、圆鱼、王八、脚鱼、老鳖，自然分布很广泛，在中国、越南、朝鲜、日本和俄罗斯等国家都有分布。目前中华鳖已被引入马来西亚、新加坡、泰国、菲律宾等地。乌龟又称金龟、草龟、泥龟、水龟、墨龟，国内除东北、西北、西藏地区未发现以外，其余各地均有分布；国外分布于日本。养殖区域遍及全国各地。三线闭壳龟又称金线龟、金头龟、红边龟、红肚龟、断板龟，自然分布于广西、海南、福建、广东、香港、澳门等地；南方各省份多有养殖，是传统的出口商品。黄喉拟水龟又称黄喉水龟、香乌龟、水龟、蕲龟，自然分布于安徽、浙江、江苏、广东、广西、福建、湖南、湖北、云南、台湾等地；国外分布于日本。鳄龟又称鳄鱼龟、小鳄鱼龟、肉龟、美国蛇龟，自然分布于北美洲和中美洲，盛产于美国东南部。1997年自美国引入中国，由于其个体大、生长快、产卵多、抗寒性和抗病力强、含肉率高、味鲜美，目前养殖区域已扩展至浙江、广东、江西、江苏、北京、上海、海南、广西、湖北、山东、四川等省份。

龟鳖是重要的养殖种类，国内养殖主产地为浙江、湖北、安徽、江西、广西、广东、湖南等省份。据统计，2019年中国龟鳖类产量为37.07万吨。其中中华鳖32.5万吨，占比87.7%，成为中国重要的新兴养殖种类之一；龟类4.57万吨，占比12.3%。浙江省是中国龟鳖养殖的第一大主产区，产量约占全国总产量的1/3（农业农村部渔业渔政管理局等，2020）。

第二节　养殖优势

中国作为龟鳖的原产地，已有数千年的食用历史，但其商业性人工养殖的历史不长，始于20世纪70年代，大规模养殖则是20世纪80年代温室养鳖技术突破后才开始的。经过40年的蓬勃发展，中国龟鳖养殖业取得了显著的经济、社会和生态效益，为丰富城乡食品市场、促进农渔民脱贫致富、助推中国农渔业绿色发展、推动农渔区稳定发展和实施乡村振兴战略等作出了积极贡献。

一、龟鳖品种优势

（一）产业链完善

由于温室养鳖技术的突破和推广应用，中国龟鳖养殖业迅速发展，养殖模式呈现多元化，养殖技术不断完善，还带动了种苗、饲料、渔药、加工以及市场流通等相关产业的发展，逐步建立了较为完善的龟鳖原良种繁育、饲料及饲料添加剂研制与生产、标准化养殖基地建设、疾病防控与治疗、养殖水质调控、研发、养殖技术培训与推广、龟鳖精深加工与贸易、龟鳖文化交流等体系，形成了一个产值约200亿元的产业群，产业链基本形成（王扬等，2014）。

（二）适应性强

龟鳖类的主要养殖种类都属于淡水两栖变温爬行动物，除鳄龟可以在咸淡水中生活外，其他几种皆为典型淡水种类。龟鳖对外界环境条件的适应能力较强，营水陆两栖生活，自然环境条件下能长时间忍受饥饿抵挡食物短缺，通过冬眠和夏眠度过寒冬和酷暑。只要养殖水域的水质符合《渔业水质标准》，龟鳖的生长发育就不会受影响。几种养殖龟鳖的致死温度、生存温度、摄食与生长温度、繁殖温度和冬眠温度见表1-1。

表1-1　主要养殖龟鳖对水温的适应情况（℃）

动物名称	致死温度		生存温度	摄食与生长温度		繁殖温度		冬眠温度
	低限	高限		适温	最适	适温	最适	
中华鳖	0	36～38	2～35	27～33	30	22～32	25～30	12～13
乌龟	0	36～38	2～35	25～32	28～30	20～31	25～30	10
三线闭壳龟	4	36～41	5～35	24～35	30	23～31	25～30	10～13
黄喉拟水龟	4	36～40	5～35	25～33	30	20～31	25～30	10

（三）养殖效益高

龟鳖作为名特优水产养殖种类，其养殖业具有成本低、效益高的特点。因此，不少地方政府都把龟鳖养殖业作为一条优化养殖产业结构、发展优质高效渔业、促进渔民增收、实现乡村振兴的重要途径。以池塘绿色养鳖为例，每平方米水面放养稚鳖 2～3 只，经2 年养殖，90％以上成鳖个体能达商品鳖规格而出池销售，亩*产商品鳖可达 500 千克。稻鳖综合种养模式下，在基本不影响水稻产量的情况下，水稻田还可亩增收中华鳖 150 千克以上。由于采用绿色健康养殖模式，生产出的商品龟鳖肉质好、营养价值高，提高了龟鳖的市场价格。近年来商品鳖价格相对稳定，一般在 50 元/千克上下，绿色品牌鳖的售价则更高，为 100～500 元/千克，池塘和稻鳖综合种养的水稻田的亩利润均可达到 5 000 元以上。因此，龟鳖养殖的亩利润远高于水稻种植和常规鱼类养殖。

二、龟鳖的市场价值

（一）食用价值

龟鳖自古以来就被人们视为滋补的营养保健品，人们通常将其作为重病或外科手术后身体虚弱的滋补、保健食品。中国食鳖的历史可以上溯到周代甚至更早。在日本和韩国等国家，食鳖也相当普遍，并有专门的鳖餐馆。龟鳖的营养价值详见第四章第一节。

（二）药用价值

根据中国传统中医药理论，龟鳖是珍贵的药材，具有提高人体免疫力、促进血液循环、提高内脏活动能力、促进新陈代谢、增强抗病能力、养颜美容和延缓衰老等功效。现代医学研究表明，龟肌肽还具有抗甲型流感病毒感染的作用。鳖浑身都是宝，鳖的头、

---

* 亩为非法定计量单位，15 亩＝1 公顷，下同。——编者注

甲、骨、肉、卵、胆、脂肪均可入药。《名医别录》中称鳖肉有补中益气之功效。据《本草纲目》记载，鳖肉有滋阴补肾、清热消淤、健脾健胃等多种功效，可治虚劳盗汗、阴虚阳亢、腰酸腿疼、久病泄泻、小儿惊痫、妇女闭经、难产等症。《日用本草》认为，鳖血外敷能治面神经麻痹，可除中风口渴、虚劳潮热，并可治疗骨结核。鳖血含有动物胶、角蛋白、碘和维生素 D 等成分，可滋阴潜阳、补血、消肿、平肝火。由此可见，龟鳖是名副其实的具有营养保健功能的特种经济动物。

（三）观赏价值

龟鳖寿命较长，且品种繁多、颜色多变、形态各异，加上一些种类具有灵性，因而深受人们的喜爱。如金钱龟体态优美、颜色艳丽，名称中含有"金钱归来""生钱之龟""体小如钱"的寓意，被人们认为是具有极高观赏价值的观赏龟。又如以眼斑龟、四眼斑龟、黄喉拟水龟、鹰嘴龟等龟为基龟培育出的绿毛龟，其碧绿晶莹、文静幽雅、姿容动人，如"水中翡翠"，似"绿衣精灵"，观玩之余，使人赏心悦目。清溪乌鳖的腹部呈乌黑色，中华鳖"永章黄金鳖"呈金黄色，均系基因变异所致，其形成的概率只有几万分之一，极为罕见，是难得一见的观赏珍品。

第三节 国内外发展现状与前景

一、生产现状

（一）种质资源的收集与保护

龟鳖类的种质资源丰富，种质资源收集与利用主要由龟鳖遗传育种中心、国家级原良种场（种质资源场）承担。中国现建有龟鳖遗传育种中心 1 家、国家级原良种场（种质资源场）8 家，其中浙江的建设数量最多，近5年来浙江中华鳖7个群体保有量约63万只。乌龟种质资源保有量估计达百万只以上。

（二）优质种苗的培育

种业是产业发展的基础。品种的好坏不仅关系到龟鳖的生长速度和抗病能力，也影响到龟的品质、产品的市场销售价格和养殖场的效益。在养殖前期，苗种为野生捕捞龟鳖苗。随着龟鳖养殖业的兴起，本地野生龟鳖资源下降，人们开始人工繁育龟鳖。繁育场一般挑选4~8龄的亲本进行交配，产卵后受精卵在人工孵化室内孵化，孵化率达85%以上。但种苗生产供应十分紧缺，国内龟鳖苗的短缺使养殖者大量采购、放养境外龟鳖苗（泰国等），境外龟鳖苗种的引进虽然满足了龟鳖养殖业快速发展的需要，但伴随而来的是龟鳖种质混杂、养殖病害增多、成活率下降等问题，给龟鳖养殖者造成重大的经济损失。一些龟鳖养殖者从中意识到种的重要性，并开始了优质龟鳖种的选育工作。目前中国已育成了国家水产新品种中华鳖日本品系（品种登记号：GS-03-001-2007）、清溪乌鳖（品种登记号：GS-01-003-2008）和中华鳖"浙新花鳖"（品种登记号：GS-02-005-2015）等，其中中华鳖"浙新花鳖"是近年来在中华鳖日本品系和清溪乌鳖两个中华鳖新品种的基础上育成并通过审定的一个新品种。上述3个新品种各具特色，生长情况、肉质性状优良，已得到广泛推广，产生了良好的经济效益和社会效益。目前全国龟鳖年苗种生产量达5亿只左右。

（三）养殖模式与技术不断完善

40年来，中国龟鳖养殖业得到迅速发展，养殖模式与技术有了进一步的改进与完善。自引入日本温室养鳖技术后，暗黑温室养殖一度成为龟鳖的主要养殖模式。龟鳖温室养殖对环境的污染随着产业规模的扩大与集聚明显呈现。不少养殖企业通过对温室的改造，主要包括透明采光、地热加温、废气过滤及尾水收集处理等，同时通过多种健康养殖模式与技术的结合应用，减少养殖对环境的

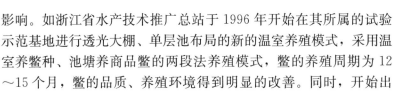

影响。如浙江省水产技术推广总站于 1996 年开始在其所属的试验示范基地进行透光大棚、单层池布局的新的温室养殖模式，采用温室养鳖种、池塘养商品鳖的两段法养殖模式，鳖的养殖周期为 12～15 个月，鳖的品质、养殖环境得到明显的改善。同时，开始出现了池塘生态养鳖方式，如浙江余杭于 1999 年将此模式养成的鳖统一注册为"本牌"商标。受"五水共治"的影响，龟鳖养殖池塘也于近年增加了尾水处理设施，实现尾水达标排放。目前龟鳖养殖技术基本成熟，平均养殖成活率从 20 世纪 90 年代初的 65% 提高到 85% 以上。同时各种因地制宜的养殖模式不断创新，如温室专养、池塘生态养殖、温室＋外塘两阶段养殖、池塘多品种混养、稻田综合种养、庭院养殖等。

（四）质量安全的保障

龟鳖作为一种滋补佳品和药材，其质量安全深受关注，因此龟鳖的质量安全是产业发展的前提。自 2001 年以来，中国开始加强对中华鳖质量安全的监督抽检与风险隐患分析评估。影响龟鳖质量安全的主要因素有环境和渔药等投入品。环境因素主要是龟鳖的养殖水体水质状况，一般而言，在集约化养殖条件下，养殖水质往往富营养化，总氮、总磷、五日生化需氧量（BOD_5）等会超标，影响龟鳖的品质与质量安全。同时，在恶劣的环境中，易发生各类病害，病害的发生往往会使养殖者违规使用渔药，成为龟鳖质量安全的主要风险隐患。在龟鳖质量安全技术研究方面，浙江省水产质量检测中心从 2004 年开始逐步建立了较为系统的中华鳖质量安全监控技术体系，建立起关于 20 种磺胺类药物、孔雀石绿及其代谢物等的 4 个标准；开展罗红霉素、氟苯尼考、恩诺沙星等关键药物以及三聚氰胺、碱性染料等在中华鳖体内的药代动力学研究，确定了药物在中华鳖体内的吸收、分布、代谢、排泄等特性；李诗言等 2015 年利用国际一流的液相色谱串联飞行时间质谱（Q－TOF）检测技术，研发建立了龟鳖体内 42 种渔药残留筛查检测技术，开展了龟鳖产品质量安全的"体检"监测，技术在国内同行业处于领先水平，为产业健康发展和食品安全监管提供了坚实的技术支撑。保障龟鳖质量安全除落实养殖业主为责任主体外，还必须在养殖过程实行标准养殖和全程监管。针对龟鳖养殖，相关部门已制定国家标准和地方标准，并在生产过程中进行推广应用，建立龟鳖质量安全可追溯系统，加强对生产全过程的监控。同时，渔业行政主管部门通过加强打击违规及非法用药现象，切实有效地保障了龟鳖的产品质量安全。

（五）龟鳖加工技术的发展

随着龟鳖养殖业的迅猛发展，龟鳖的养殖产量越来越高，龟鳖加工产业也随之得以发展。目前龟鳖加工企业及相关技术尚处于起步阶段，近几年来已有一些龟鳖的加工产品上市，如真空包装即食产品（如龟苓膏）、各种龟鳖制品（如中华鳖粉、中华鳖肽蛋白粉）等。此外，中国已在龟鳖油不饱和脂肪酸的提取纯化技术、全原味速溶龟鳖微粉加工技术和龟鳖小分子多肽的制造方法等方面取得突破，为营养保健品与美容护肤品的开发提供了技术储备。

二、目前影响龟鳖产业可持续发展的主要因素

（一）资源紧张，成本提高

龟鳖养殖成本居高不下，土地资源、优质水资源日益匮乏，饲料原料供应日显紧张，人工成本上涨明显。因此，各种与产业密切相关的资源不足，导致了龟鳖产品成本的提高，也同样影响产业的健康发展。

（二）从业人员素质较低，技术人员短缺

尽管许多地方龟鳖的养殖已经进入产业化生产阶段，但养殖者多以农户为主，特别是龟类的养殖大多为家庭作坊养殖模式、庭院养殖模式、池塘养殖模式，农户们一般利用室内、阳台、天台、房前屋后及一些室外闲置池塘建池，靠传统经验进行养殖生产。总体

来说，龟鳖养殖中科学技术人才仍然紧缺，既懂技术又懂管理的高素质人才奇缺，阻碍企业壮大，影响产业发展。

（三）传统温室养殖急需转型升级

传统温室养殖仍为目前我国龟鳖的主要养殖模式，由于温室养殖放养密度高、不透光，水体易发臭变黑，另外，加温用煤等高污染能源既对周边环境造成一定的污染，也影响了龟鳖的质量安全与品质，因此一些地区已采取相关措施以整改这一模式。龟鳖养殖主产区浙江省于 2013 年开始整改温室养鳖，到 2016 年，中华鳖温室养殖面积与最多时的约 1 600 万米^2 相比，减少 3/4 以上。然而，受地域经济效益因素影响，不少省份还在发展龟鳖温室养殖。

（四）病害传播隐患仍然存在

目前龟鳖养殖品种除少数是国内原生种外，大部分都是从国外引入，而且很多品种都是通过各种渠道走私进来，没有经过严格检验检疫，很容易携带外来的病原体，一旦暴发传播，将对国内龟鳖养殖业带来严重打击。目前龟鳖养殖过程中，龟的病害相对较少，对鳖类危害最大的是暴发性出血病，给养殖户造成了严重的经济损失。尽管浙江省淡水水产研究所等研究单位开展过鳖病的研究，也查明了鳖出血病病毒，但有效治疗技术至今尚未突破，仍困扰着鳖产业的健康可持续发展。

三、发展趋势与养殖前景

（一）龟鳖养殖将从温室养殖转向生态养殖

龟鳖养殖业因其效益高，已成为不少省份水产业新的经济增长点。温室龟鳖养殖，曾经帮助养殖户发家致富，对优化农业产业结构、发展农村经济、增加农民收入起到积极作用，但也带来了生态环境被污染的严重问题。在新的形势下，既要经济效益也要生态效益，在效益和环保中找到平衡点，需要优化与改进养殖模式，改善管理方法和养殖技术，提高经济效益。龟鳖与水稻综合种养模式将发展生态农业和发展循环农业有机结合，龟鳖可为水稻吞食害虫、疏松土壤及提供天然肥料；水稻田为龟鳖提供栖息场所，并充分净化吸收龟鳖的排泄物，达到循环生态养殖。该模式一方面可以提高土地资源利用率和产出率，另一方面还可以大大减少水稻的化肥和农药施用量，降低生产成本，提高生态、经济效益。而且，稻田养殖的商品龟鳖由于放养密度低，基本不发生病害，光泽好，品质大大提升。稻米和龟鳖质量明显提升，增加了其商品优势和价值优势，目前已成为全国主推模式。中国是世界上主要水稻生产国，水稻种植面积大，有 4.3 亿～4.5 亿亩，分布广。经过适当改造，一般能适合于稻渔综合种养。初步估计约有 60% 的水稻田适合于稻渔综合种养，为龟鳖绿色养殖提供了巨大的发展空间。今后只要加大生态养殖模式与技术的推广，控制龟鳖的养殖成本，走规模化、生态化、品牌化之路，龟鳖养殖前景仍然十分广阔。

（二）龟鳖的市场潜力巨大

龟鳖由于其独特的营养、保健和观赏价值，一直受到消费者的青睐。随着龟鳖产业的发展，单一养殖已不能满足市场发展的需要，近年来一些养殖企业开始注重产品的开发与精加工，开发的产品有粉、液、酒、胶囊等营养保健品类，冷冻和真空包装的熟食产品。此外，部分养殖户除了开发龟鳖自身经济价值外，也开始将眼光投向龟鳖类的观赏价值和科普教育价值。已计划或规划中的龟鳖生态旅游项目已有 5～6 家，其中江西金龟王实业有限公司的龟类博物馆已基本建成，并对外开放。为进一步推动龟鳖产业持续发展，今后应加大龟鳖产品的研发力度与市场开拓，通过研发生产出更多风味独特，有营养、保健和医疗作用的产品，来提高龟鳖的附加值，延长产业链。

第二章
龟鳖基本生物学特性

第一节　龟类的基本生物学特性

一、外形

龟类的外形因种类不同而有差异。龟鳖类可分为曲颈龟亚目和侧颈龟亚目。曲颈龟亚目龟类的主要特点是除平胸龟、海产龟等少数龟外，多数龟类收缩头部时，颈部可呈"S"形缩入甲壳内，中国的龟鳖类动物均属此亚目。侧颈龟亚目龟类的主要特点是收缩头部时，由于颈部较长，有的超过自身背甲的长度，头颈部不能缩入壳内，头部只能横侧于两个前肢间，颈部只能侧向体侧的腋窝中。

乌龟的背甲由背甲盾片与背甲骨板（背板）构成，如彩图2所示。背甲盾片又可分为椎盾、颈盾、肋盾和缘盾。其中椎盾为背甲正中1列盾片，多为5枚；颈盾为背甲椎盾前方、左右缘盾之间的那1枚小盾片；肋盾为椎盾左右两侧与左右缘盾之间的2列较宽大的盾片，多为左右各4枚；缘盾为背甲左右边缘2列较小的盾片，一般为左右各12枚，背甲后缘正中的2枚缘盾，多称为臀盾。背甲骨板又可分为椎板、颈板、肋板、缘板和臀板。其中椎板为中央1纵列骨板，一般为8块；颈板为左右缘板前方正中的那1块；肋板为椎板两侧的骨板，一般为左右各8块；缘板为背板两侧边缘的骨板，一般为左右各11块；臀板位于椎板之后，一般为1～3块，自前向后分别称为第一、第二上臀板及臀板。乌龟的腹甲由腹甲盾片与腹甲骨板构成。腹甲盾片由左右对称的 6 对盾片（自前至后分别叫喉盾、肱盾、胸盾、腹盾、股盾、肛盾）、1 对腋盾和 1 对胯盾组成；腹甲骨板（腹板）主要由 9 块组成，除内板为 1 块外，其余成对，由前向后依次称为上板、内板、舌板、下板、剑板。左右上板间的骨缝，叫上板缝，上板与舌板间的骨缝叫上舌缝。

二、生态习性

（一）栖息环境

按照生态类型，龟可分为五类：海栖、陆栖、水栖、半水栖、底栖。海栖的龟类长期生活于宽阔的海域，除雌龟于繁殖季节上岸产卵外，海产龟类均不上岸。陆栖的龟类生活于陆地，不能长时间生活于深水，即水位不能超过自身背甲的高度。水栖的龟类生活于江、河、湖等深水区域，当阳光充足时，时常上岸"晒背"，卵产于岸上，它们既能长期生活于深水区域，又可上岸爬行，并长时间生活于陆地，但生活环境必须有一定湿度。半水栖的龟类仅能生活于浅水区域，即水位不能超过自身背甲的高度，否则将溺水而亡。底栖的龟类能长期生活于江、河、湖等深水区域的底部，很少上岸活动，如鳄龟等。龟的陆栖与水栖是相对的，陆龟也常到浅水水域中饮水、洗澡，但不能下水游泳；水栖龟类也常到陆地休息、晒背、产卵。如乌龟在自然界喜欢栖息于江河、湖泊、水库、池塘、池沼、山涧溪流以及岸边沙滩、草丛等僻静处，此外还常栖息在树根下、石缝中及岩石边阴暗的地方；三线闭壳龟和黄喉拟水龟主要栖息在丘陵与山区河流及山涧溪流地带，常爬上岸到灌木、草丛中活动；鳄龟栖息于江河、湖泊、沼泽地带，也可生活在港湾、河湾等咸水区域。

（二）活动习性

乌龟白天常爬到岸滩、岩石上晒太阳，夜间在浅水地带、树木草丛中觅食；夏季一般多在深水阴凉处，深秋、冬季则潜入水底泥

沙或洞穴内。三线闭壳龟有挖洞群居的习性。鳄龟好斗，同类间残
食严重。

（三）呼吸

龟类在陆地和水面时用肺呼吸，在潜入水中或在水中冬眠时停
止肺呼吸，行使水呼吸功能。水呼吸包括口咽腔呼吸、皮肤呼吸及泄
殖腔呼吸 3 种方式，即利用分布于口咽腔黏膜、皮肤和泄殖腔黏膜
中的微血管系统在水中进行气体交换。龟类的水呼吸主要依靠口咽
腔呼吸方式（占总摄入氧的 67.7%），在水中潜伏时间可达 6～16
小时，冬眠时在水中达数月。

（四）晒背

龟类有晒背的习性，当天气晴朗时，便爬到阳光充足的沙滩、
岩石和岸边上晒太阳，通常每天要晒 2～3 小时。

（五）休眠

龟类是变温动物，它们不像鸟类等能维持自身体温的恒定，具
有休眠特性。龟类的休眠可分为冬眠、夏眠和日眠 3 种，一般认为
低温是诱导冬眠的主要因素，干旱及高温是夏眠的主要诱因，食物
短缺是日眠的主要原因。每年 10 月至翌年 3 月，温度低于 15 ℃
时，或 7—9 月温度高于 32 ℃时，龟类或潜入水底淤泥、泥沙中，
或躲在堤边的泥洞、树根下，或隐蔽在岸边草叶层下，不进食、不
活动、眼闭、全身无力，进入冬眠或夏眠，呼吸微弱，心跳缓慢，
代谢水平和体温降到最低水平。有研究表明，经过 110 天的冬眠，
乌龟的体重下降了 5.39%。

三、食性和生长

（一）食性

龟类动物的食性有 3 种类型，即肉食性、植食性和杂食性。一

般来说，水栖龟类为杂食性，如平胸龟科、鳄龟科。多数龟科种类的食物组成种类多且复杂，包括泥鳅等鱼类、虾蟹等甲壳类、水生与陆地昆虫类、螺蚌等软体动物、水蚯蚓与蚯蚓等环节动物和动物尸体，以及各种植物种子、瓜、菜、水草和陆生嫩叶等。东南亚海栖龟类为杂食性，食海藻、鱼类、甲壳类动物等。半水栖龟类为肉食性，黄缘盒龟、地龟等食蚂蚁、面包虫、猪肉等，但不食鱼肉。产于东南亚的马来龟，食性单一，几乎专吃软体动物。陆栖龟类食植物，如黄瓜、香蕉、白菜等瓜果蔬菜及各种草类。

龟类大多贪食，一次摄食量较大（日摄食量可达体重的30%），摄食量也因种类不同、食物来源多少而不同。如人工饲养的体重 2.5 千克的缅甸陆龟一次可摄食 3～4 根香蕉或 3 根黄瓜；一只体重 500 克的乌龟一次摄食 10～30 克饲料。龟类也耐饥饿，不仅在几个月的长冬眠期间可以不摄取食物，而且在适温范围内长期不摄取食物依然不至于饿死。

（二）生长

龟是终生生长的动物，在不同的阶段其生长速度差异较大。一般而言，龟在性成熟前生长较快，性成熟后生长会逐步变慢。而且，不同种类的龟生长速度差异极大，通常，体型较大的龟生长速度要大于体型较小的龟。譬如，乌龟从孵化到体重 500 克，需要 5 年左右，而鳄龟长到 2 500 克一般只需要 2 年左右。由于龟类不同发育阶段具有不同的生长特点，养殖过程中，一般人为地将龟类的生长发育按体重划分为稚龟、幼龟、成龟与亲龟 4 个阶段，具体划分标准因品种差异而有所区别。

龟的生长速度与环境条件的关系极大，受到食物、温度及水质的影响。通常在自然条件下，龟因行动缓慢而摄食不易，生长较慢；而在人工养殖条件下，食物来源充足，龟的饮食有保障，生长相对较快。一般龟的生长适宜温度为 25～30 ℃，当环境温度低于 20 ℃时，则几乎停止摄食生长。此外，部分水栖龟对水质要求较高，若水质清爽，则摄食量显著增加，会促进其生长。

四、繁殖习性

所有龟类动物都是卵生，将卵产在陆地上。产卵前，龟用后肢挖掘 8～20 厘米深的洞穴，然后夹紧尾巴，进入卵穴，卵被一个接一个产出。龟产卵时，若受惊动也不爬动，直到产完卵为止。不同种类的龟，产卵量不同，每次产卵少则 1 枚，最多达 200 余枚（海产龟类），产卵的数量随着雌龟年龄的增加而增加。卵呈白色，海产龟的卵具羊皮膜似的外壳，具有韧性，呈圆球形，每粒卵重15～20 克。其余龟类的卵具有坚硬的钙质壳，无韧性，呈长椭圆形或圆球形，卵重因种类不同，为 3～70 克。龟类没有守巢的习性，产卵后，仅用后肢扒沙，将卵掩盖，离开产卵地，不再关心它们所产的卵。在自然界中，龟卵的孵化完全是依赖于太阳和沙土的温暖。龟卵的孵化期与气温有着密切的关系，一般孵化期为 35～80 天，若天气暖热，孵化期短，若天气凉爽，则孵化期相对长一些，最长达 114 天，甚至成了过冬卵。

五、种属鉴定与龟龄推算

（一）种属鉴定

龟类种间的表型特征明显，鉴别容易。传统龟类的属种鉴定主要依据骨骼的构造、四肢形态、表皮结构、体色等表型特征，如背腹甲各骨板和盾片的形状、数目及排列方式、头部皮肤及鳞片的特征、韧带组织的有无、吻突的长短、上颌的构造与形状等。龟类都有坚硬的背甲。若后肢圆粗，爪间有蹼，皮肤粗糙，且四肢上的鳞片较大，即属于陆栖龟类；若后肢脚掌较扁平，爪间有明显的蹼膜或半蹼膜，皮肤较细，四肢上的鳞片较细小，则为水栖龟类或半水栖龟类；进一步观察龟的背甲、腹甲之间是否有韧带组织，若有即是闭壳龟类、盒龟类或摄龟类；若无韧带便属于其他龟类。此外，龟类彩色图谱可作为一般性识别龟的参考（周婷，2004）。随着细胞生物学、分子生物学技术的发展，已获得部分龟鳖类的染色体、12S rRNA、16S rRNA 序列，CO Ⅰ 和 CO Ⅲ 序列等线粒体基因以及核基因序列信息，并建立了基于线粒体基因信息的 DNA 条形码鉴别技术（张超等，2014）。

（二）年龄推算

龟年龄的推算基本和鱼类相同，一般根据龟背甲盾片上同心环纹的数目推算，每一圈代表一个生长周期，即一年。盾片上的同心环纹数目加 1（受精到破壳出生为 1 年）即是龟的年龄。这种方法只有在龟背甲同心环纹清楚时才比较准确，而对于同心环纹模糊不清的加温养龟、水栖龟类或年老龟（10 龄以上）则不易判断。

六、主要养殖龟类品种

（一）乌龟

乌龟俗称中华草龟（彩图 3）。乌龟的头较瘦长，吻较突，上颌呈钩曲状，头顶光滑无鳞。背甲长卵圆形，背甲中心和左右各有一隆起，各盾片接缝处稍下凹，同心纹清晰，颈盾短小，椎盾 5 块，肋盾 4 对，缘盾 11 对，臀盾 1 对。腹甲与背甲几乎等长，以韧带相连，喉盾 2 块，弧圆，肛盾 2 块，后部有微缺刻，无腋盾和胯盾。四肢扁圆形，前肢 5 爪，后肢 4 爪，指、趾间具蹼，前肢有大鳞。背甲隆起较高，呈黑褐色或棕红色，周边黄；头顶金黄色，头两侧黄色；颈背及两侧、四肢外侧及尾背黑橄榄色；头、颈、尾的腹面及四肢内侧灰黄色；腹甲黄色，盾片上有基本对称排列的黑斑或黑条纹。

（二）巴西龟

巴西龟俗称红耳龟（彩图 4）。头部宽大，眼部的角膜为绿色，中央有一黑点，吻钝。背甲扁平，呈翠绿色或苹果色，背部中央有条显著的脊棱。盾片上具有黄、绿相间的环状条纹。腹甲呈淡黄

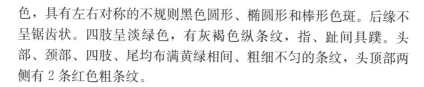

色，具有左右对称的不规则黑色圆形、椭圆形和棒形色斑。后缘不呈锯齿状。四肢呈淡绿色，有灰褐色纵条纹，指、趾间具蹼。头部、颈部、四肢、尾均布满黄绿相间、粗细不匀的条纹，头顶部两侧有 2 条红色粗条纹。

（三）三线闭壳龟

三线闭壳龟俗称金钱龟（彩图 5）。头部光滑无鳞，鼓膜明显而圆。颈盾狭长，椎盾第一块为五角形，第五块呈扇形，余下 3 块呈三角形，肋盾每侧 4 块，缘盾每侧 11 块。背甲棕色，具有 3 条明显隆起的黑色纵线，中间的一条隆起最为显著且最长，故又被称为川字背龟。腹甲黑色，其边缘盾片带黄。背甲与腹甲两侧以韧带相连，板（腹甲）为横断，腹甲在胸盾、腹盾间亦以横贯的韧带相连，故也称断板龟。指和趾间具蹼。尾短而尖。背甲边缘周围坚皮呈金橘黄色，所以又叫红边龟。雌性龟的背甲较宽，尾细且短，尾基部细，肛门距腹甲后缘较近，腹甲的 2 块肛盾形成的缺刻较浅，通常个体会比雄性大。雄性龟的背甲较窄，尾粗且长，尾基部粗，肛门距腹甲后缘较远，腹甲的 2 块肛盾形成的缺刻较深。

（四）黄缘闭壳龟

黄缘闭壳龟又称黄缘盒龟（彩图 6），有大陆缘、台缘和杂缘之分。黄缘闭壳龟头部光滑，颜色丰富多彩，侧面是黄色或黄绿色，头顶是橄榄油色或棕色。吻前端平，上喙有明的钩曲。背甲深色，高拱形，上有一条浅色的带状纹，有些有中肋纹，中肋纹的颜色会随年龄的增加而变浅。腹甲胸盾、腹盾之间具韧带，前后两半可完全闭合。四肢具发达鳞片，前肢 5 爪，后肢 4 爪，有不发达的蹼。尾适中。当头尾及四肢缩入壳内时，腹甲与背甲能紧密地合上。大陆缘的颈部一般为淡红黄色，瞳孔一字线不明显，喙突明显，四肢呈淡红褐色，与腹侧的黄色过渡自然，没有黑、黄分明的感觉，台缘则相反。

（五）黄喉拟水龟

黄喉拟水龟俗称石龟（彩图7），有南石、大青和小青三个种群。黄喉拟水龟的头部为三角形，头顶绿黄色，有梅花斑。背甲平扁，黑色或棕红色，具3条纵棱，脊棱明显，两侧较弱。咽部及喙部黄色。眼睛不鼓，甲桥及腹甲黄色，每一盾片后缘中间有一方形大黑斑。头侧自眼后沿鼓膜上、下各有一条黄色纵纹。前肢灰褐色，内腹侧为黄色；后肢灰褐色，其股后有若干列橘黄色疣粒。尾侧有黄色纵纹。

第二节　鳖类的基本生物学特性

一、外形

鳖（彩图8）的体躯扁平，呈椭圆形，背腹具甲，通体被柔软的革质皮肤，无角质盾片。体色基本一致，无鲜明的淡色斑点。头部粗大，前端略呈三角形。吻端延长呈管状，具长的肉质吻突，约与眼径相等。眼小，位于鼻孔的后方两侧。口无齿，脖颈细长，呈圆筒状，伸缩自如，视觉敏锐。颈基两侧及背甲前缘均无明显的瘰粒或大疣。背甲暗绿色或黄褐色，周边为肥厚的结缔组织，俗称"裙边"。腹甲灰白色或黄白色，平坦光滑，有7个胼胝体，分别在上腹板、内腹板、舌腹板与下腹板联体及剑板上。尾部较短。四肢扁平，后肢比前肢发达。前后肢各有5趾，趾间有蹼。内侧3趾有锋利的爪。四肢均可缩入甲壳内。

二、生态习性

（一）鳖的栖息环境

鳖为两栖爬行动物，主要栖息在安静、水质活爽、水体稳定、

通气良好、光照充足和饵料丰富的环境中。对水体的盐度比较敏感，一般要求养殖水体盐度不超过 1，对溶解氧、碱度、pH 等适应能力较强。自然条件下，鳖通常生活在江河、湖泊、池塘、水库等淡水水域中，常伏在岩石旁伺机袭击溯游于洞穴的食饵，亦善潜伏在岸边树荫或水草下有泥沙的浅水地带。夏季常在阴凉、水深处活动。冬季特别是大雪天，喜欢潜伏在向阳的洞穴内。

（二）冬眠

鳖是变温动物，其体温和代谢机能随着环境温度的变化而变化，当水温降到 20 ℃以下时，代谢活动降低，低于 15 ℃就停止摄食，12 ℃开始潜伏于泥沙中，低于 10 ℃则完全停止活动和觅食，进入冬眠状态。鳖冬眠时钻入泥土的深度因土质不同而异，通常在10～20 厘米，最深不超过 30 厘米，冬眠期 5～6 个月。越冬后，由于基础代谢消耗体内积累的一部分能量，鳖的体重下降 10% 左右，一些体质弱或有病的鳖会在冬眠期间或刚苏醒时死亡。

（三）用肺呼吸

鳖与鱼类等其他水生生物不同，虽然主要生活在水中，但鳖用肺呼吸，3～5 分钟呼吸 1 次。鳖的呼吸频率随水温及个体大小而异，水温越高，个体越小，呼吸频率越高。

（四）晒背

鳖性喜温，在晴天，鳖便游到水面或爬上岸滩、岩石，背对阳光，头、颈、四肢充分伸展晒太阳，称为"晒背"。

（五）胆怯而狞猛性

鳖生性胆怯而又机灵，稍有响声或晃动影子便迅速潜入水中。鳖喜静怕惊，为了寻找和捕捉食物，同时也是自身安全的需要，在自然界中鳖的觅食和活动大多在晚间进行。鳖又生性好斗，同类之间常常会因争夺食物、栖息场所而相互残害，用嘴紧咬对方不放，只有将其放入水中让其处于自由状态才松口逃脱，成鳖甚至还会吞食幼鳖，因此在人工养殖中要尽量保持同池鳖的稳定性，并考虑规格大小及放养密度大小，以免争斗造成伤残死亡。

（六）保护色

鳖体色随着环境而变化。如在水较肥、呈黄绿色的池塘、湖泊、河流中，其背甲呈黄褐色；在水质不太肥的河流、水库中，则呈油绿色、墨绿色。鳖腹面一般呈乳白色。

（七）挖穴营巢

每年5—8月为产卵季节，在临近午夜时，雌鳖出水上岸，选择疏松的沙土挖穴产卵。

总之，鳖的生活习性可归纳为"四喜四怕"，即喜静怕惊、喜洁怕脏、喜阳怕风、喜暖怕寒，这是其长期适应环境的结果。

三、食性和生长

（一）食性

鳖属偏肉食性的杂食性动物，食性广。在野生条件下，常以鱼、虾、贝、昆虫及底栖动物为食，在饵料缺乏时也摄取一些植物性饵料如水草、谷类、瓜果等。鳖十分贪食且凶残，在食物缺乏时，常常会相互咬斗、残杀，但鳖又具有极强的耐饥饿能力，在长时间缺少食物的情况下，仍能维持正常的活动，但生长停止，体质变弱。因此，我们在开展人工养鳖时需投喂充足的饵料。

（二）生长

自然条件下鳖的生长速度慢，当年孵化的稚鳖（3～4克/只）生长到400克/只，需要3～4年的时间。由于鳖为变温动物，其新陈代谢、血液循环与环境密切相关，其中影响最大的是水温、水质和放养密度。鳖的生长适温为20～37 ℃，最佳温度为28～32 ℃，水温低于

16℃时停止摄食生长，钻泥越冬。在同样的气候温度条件下，当水环境的各项水质指标达到养殖要求时，生长就快，反之生长停滞或受阻。

鳖的个体生长差异性很大，即使是同一批孵化的稚鳖，经过一段时间的养殖，个体差异也十分明显，这种差异虽然一开始不是很明显，但体质强壮的稚鳖在争栖息地、争食物等方面占优势，在以后的饲养过程中，这一差异会越来越大。不同性别的鳖生长速度也有显著差异。体重100～200克时，雌鳖比雄鳖生长速度快；体重200～400克时，雌雄鳖生长速度基本持平；体重超过400克时，雄鳖生长速度明显快于雌鳖。

四、繁殖习性

（一）性成熟年龄

鳖为雌雄异体、体内受精、体外孵化、营卵生生殖的动物。在自然条件下，鳖的初次性成熟年龄因地理位置不同而异。在我国南方如海南等省份2年性成熟，长江流域3～4年性成熟，华北地区多为5年性成熟。尽管各地鳖的性成熟年龄不同，但达到性成熟的有效积温基本相同。因此，无论何地，只要对鳖进行控温（30℃左右）饲养，2足龄是完全可以达到性成熟的。

（二）繁殖季节

鳖的繁殖季节也因各地的气候环境不同而有先后。华北地区一般在5—8月繁殖，产卵高峰在6—7月，占总产卵量的80%；华中、华东地区产卵季节为4—10月，产卵高峰在5—8月，在江浙一带，产卵旺季在6—7月。在热带地区或人工控温的条件下，鳖可常年产卵。

（三）生殖力

鳖的产卵次数、产卵量、卵子质量与自身状况和所处环境等因素密切相关。一般来说，亲鳖年龄越大，规格越大，身体健壮，外界环境适宜，生殖力就强；反之生殖力就弱。鳖的产卵方式为多次产卵，每年产卵次数为2～4次，每次的产卵数从几枚到几十枚不等，一般为5～20枚。在人工集约化生产上常采用亲鳖强化培育、延长日照时间、控温等方法来提高亲鳖的生殖力。

(四) 产卵习性

产卵时，雌鳖在夜间爬到岸上，选择沙质疏松的沙土掘穴。掘穴时，用前爪固定身位，用后爪交替掘土，孔穴口径5～10厘米，深8～15厘米，孔内壁与底约呈30°倾斜。穴掘好后，雌鳖先把尾伸入穴内，然后身躯开始紧张而有节奏的伸缩，紧缩1次，产卵1次。卵粒产完后，先落在内弯的尾柄上，然后随尾巴徐徐下垂而使卵粒轻轻落在穴内。最后用后股覆盖沙土，并用腹甲垫平沙面，之后即爬回水中。一般雨后天晴或久晴雨后产卵较多。若刮风下雨，阴雨绵绵，或久晴不雨、气温骤变，则产卵少或停止产卵。

五、主要养殖鳖类品种

目前中国适宜规模化养殖的鳖类品种不多，品种选择范围也不大，主要养殖的鳖包括中华鳖地理群体和中华鳖日本品系、清溪乌鳖、中华鳖"浙新花鳖"等国家水产新品种。

(一) 中华鳖地理群体

中华鳖分布广泛，在中国、日本、越南北部、韩国、俄罗斯东部都可见。中国幅员辽阔，受气候、土壤、温度等因素影响，中华鳖原种在各地形成了具有明显的外部形态特性和生态习性的地理群体。据初步调查分析，适合稻鳖综合种养的主要为太湖群体、洞庭湖群体、黄河群体等。

1. 太湖群体

中华鳖太湖群体当地俗称太湖鳖、江南花鳖等，主要分布在太湖流域的浙江、江苏、安徽和上海一带。其背部油绿色，有对称分布的黑色小圆点，裙边宽厚，腹部有灰黑色的块状花斑。其具有生长快、色泽艳、肉质好、抗病力强等特点，深受消费者喜爱，目前在苏、浙、沪一带广泛养殖。

2. 洞庭湖群体

中华鳖洞庭湖群体当地俗称湖南鳖，主要分布在湖南、湖北和四川部分地区。其体薄宽大，裙边宽厚，背部后端边缘具有突起纵向纹和小疣突，稚鳖期腹部呈橘红色，成鳖期腹部白里透红，可见微细血管，无梅花斑、三角形斑及黑斑。

3. 黄河群体

中华鳖黄河群体当地俗称黄河鳖、黄河口鳖，主要分布在黄河流域的甘肃、宁夏、河南和山东，其中以宁夏和山东黄河口的种质最纯，有三个明显的特征："三黄"，即背甲黄绿色，腹甲淡黄色，鳖油黄色。因其原种生存于我国北部地区及中部盐碱地带，水体的矿化度和碳酸盐碱度较高，故其环境适应能力强，在养殖生产中表现为抗逆性强、病害少。

4. 鄱阳湖群体

中华鳖鄱阳湖群体当地俗称江西鳖，主要分布在湖北东部、江西和福建北部地区。其成体形态与太湖鳖相似，体扁平，呈椭圆形，背部橄榄绿色或暗绿色，分布有黑色斑点。与其他群体相比，其独特之处在于出壳稚鳖的腹部为橘红色，无花斑。目前江西南丰建有省级中华鳖良种场，保存中华鳖鄱阳湖群体约5万只，年产稚鳖50万只以上。

5. 台湾群体

中国鳖台湾群体又称台湾鳖，主要分布在我国台湾南部和中部。其性成熟较其他群体早，加上台湾气候条件特别适合鳖卵孵化，孵化技术和成本均比大陆有优势，苗种孵化早于大陆，因此其养殖季节较其他品种长，比较适合温室养殖，可以当年养成商品鳖上市。台湾产的鳖蛋90％以上供应大陆养殖户。

（二）国家审定的中华鳖新品种

目前，经国家审定的中华鳖新品种有4个，即中华鳖日本品系、清溪乌鳖、中华鳖"浙新花鳖"和中华鳖"永章黄金鳖"。

1. 中华鳖日本品系

（1）品种来源 中华鳖日本品系为杭州萧山天福生物科技有限公司和浙江省水产引种育种中心联合培育的中华鳖新品种。原始群体于1995年5月经农业部批准由杭州萧山天福生物科技有限公司从日本福冈引进并开始群体选育。2008年经农业部审定，成为我国第一个中华鳖国家水产新品种。

（2）选育方法 中华鳖日本品系采用五段选育法进行培育，即亲鳖、受精卵、稚鳖、成鳖、后备亲鳖五阶段群体选育方法（图2-1）。

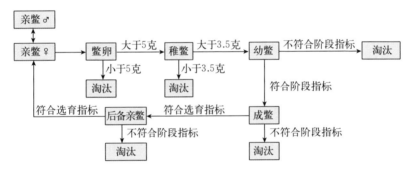

图2-1 中华鳖日本品系五段选育路线

亲鳖选择在9月中、下旬或翌年亲鳖苏醒后进行，要求外形完整、无伤残、无畸形、无病变，体质健壮，2冬龄以上，雌鳖体重1～3千克，雄鳖体重1.5～3千克。受精卵的选择在5—7月进行，要求卵重5克以上，受精线清晰明显。稚鳖的选择在7—8月进行，挑选规格大于3.5克，体质健壮，行动迅速，无伤残、无畸形的稚鳖。成鳖的选择在第三年6月进行，要求体质健壮，体色鲜艳，动作灵敏，眼睛明亮，无病无伤，雌鳖体重300克以上，雄鳖400克以上。后备亲本选择在第三年外塘养殖4个月后起捕时进行，选择强壮无病、体形优美、体重800克以上的后备亲鳖。

（3）审定情况 2007年中华鳖日本品系通过全国水产原种和

良种审定委员会审定，2008 年经农业部公告成为全国适宜推广的水产新品种，品种登记号为 GS-03-001-2007（彩图 9）。

（4）体色与体形特性　中华鳖日本品系外形扁平，呈椭圆形，雌体比雄体更近圆形，裙边宽厚。背甲呈黄绿色或黄褐色，表面光滑，无隆起，纵纹不明显，中间略有凹沟。腹甲呈乳白色或浅黄色，中心有 1 个较大的三角形黑色花斑，四周有若干对称花斑，以幼体最为明显，随着生长腹甲黑色花斑逐渐变淡。

（5）生长　生长快速是中华鳖日本品系最大的特点之一，也是品种的竞争优势所在。与普通中华鳖一样，中华鳖日本品系是次生水生变温动物，其生长、摄食、新陈代谢等活动受水温的影响很大。在适宜的温度范围内，生态条件良好时，随水温的升高，其代谢作用增强，消化速度加快，摄食量增加。水温 20 ℃时开始摄食，30～32 ℃时摄食量最大。中华鳖日本品系的适宜生长温度为 25～32 ℃，在适宜温度范围内，温度越高，持续时间越长，生长就越快。全程适温养殖中华鳖日本品系，从稚鳖到成鳖阶段需培育 15 个月，其体重平均可达 750 克，生长速度比其他品种快 25％以上。

（6）繁殖　繁殖量大是中华鳖日本品系的另一个特点。中华鳖日本品系的性成熟期为 2～3 年，加温养殖方式下可提早 1 年。一般情况下，鳖体重达到 400 克以上即性成熟。水温 20 ℃以上开始发情、交配，25 ℃以上产卵。与其他鳖一样，中华鳖日本品系产卵于陆地潮湿的沙床中，一次交配，多次产卵。在江浙地区，一般 4—5 月水中交配，20 天后开始产卵，5 月中旬至 9 月上旬为中华鳖日本品系的产卵期，6 月至 8 月中旬为产卵盛期。每只成熟的 4 龄亲雌鳖一般每年产卵 3～4 次，年产卵总量达 50～100 枚，比相同年龄的本地中华鳖要多 15％以上。

（7）产量表现　与其他中华鳖相比，中华鳖日本品系生长快，抗病力强，养殖过程中很少发生病害，因此养殖成活率高，产量高。一般情况下，稚幼鳖温室培育的成活率可达 85％以上，产量达 8 千克/米² 以上；两段法养殖池塘平均单产可达 600～700 千克/亩；稻鳖综合种养视放养密度和饲养管理等不同，平均单产可达 100～250 千克/亩。

（8）苗种供应　因中华鳖日本品系生长快、产量高，被列为主推水产养殖品种之一，已在全国各养鳖省份广泛推广，并建立了较为完整的良种供应体系。以浙江省为例，浙江已建设国家中华鳖遗传育种中心 1 个、现代渔业种业示范场 1 个、国家级中华鳖日本品系良种场 2 个、省级良种场 5 个及规模化繁育基地若干个，年可生产中华鳖日本品系稚鳖 1 亿只以上。

2. 清溪乌鳖

（1）品种来源　清溪乌鳖为浙江清溪鳖业有限公司和浙江省水产引种育种中心共同选育的中华鳖新品种。原始群体为浙江清溪鳖业有限公司于 1992—1994 年从德清等地自然水体中采集到的野生个体，采用群体选育的方法，以形态特征为主要指标，开展中华鳖新品种选育，稳定固化腹部黑色性状，最终形成腹部乌黑可稳定遗传的清溪乌鳖。

（2）选育方法　清溪乌鳖的选育采用以体色纯化为主的群体选育法（图 2-2）。

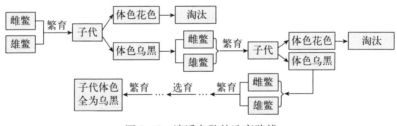

图 2-2　清溪乌鳖的选育路线

（3）审定情况　2008 年清溪乌鳖通过全国水产原种和良种审定委员会审定，2009 年经农业部公告成为全国适宜推广的水产新品种，品种登记号为 GS-01-003-2008（彩图 10）。

（4）体色与体形　清溪乌鳖背部与太湖鳖相似，有黑色斑纹。腹部呈灰黑色或乌黑色，为区别于其他鳖的最大特征。清溪乌鳖成鳖背甲呈卵圆形，幼鳖阶段近似圆形，稍拱起，覆以柔软革制皮肤，脊椎骨清晰可见，表面具有纵棱和小疣粒。腹部有点状黑斑点，无斑块。随着生长，背部逐渐趋于扁平，腹部斑点逐渐变浅。

（5）生长　清溪乌鳖生性凶猛，好斗，温室养殖容易发病，次品率高，因此并不适宜室内高密度饲养成鳖。该品种比较适合的养殖方法为两段法养殖、稻鳖共生或外塘生态养殖。清溪乌鳖的生长与本地太湖花鳖相当，没有明显的生长优势。研究表明，在相同饲养情况下，采用温棚不加温培育方式，清溪乌鳖幼鳖的成活率、单位产量和生长速度要优于江西鳖，与太湖花鳖差异不显著，显著低于中华鳖日本品系。人工配合饲料精养条件下，初孵清溪乌鳖稚鳖经 450 天养殖，平均体重由初始的 6 克增加到 493.2 克，雄鳖平均生长速度比雌鳖快 19.1%。

（6）繁殖　清溪乌鳖的性成熟期为 3 年，加温养殖方式下可提早 1 年。一般情况下，5 月中旬至 8 月底为清溪乌鳖的产卵期，6 月至 8 月中旬为产卵盛期。每只成熟的亲雌鳖一般每年产卵 3～5 次，年产卵总量达 25～80 枚，与相同年龄的太湖花鳖相当。长期观察分析表明，6 龄清溪乌鳖平均年产卵 45 枚左右，产卵量的多少取决于气候、亲本营养状况等。

（7）产量表现　一般情况下，每亩稻田放养 150 克左右的清溪乌鳖幼鳖 500～600 只，当年可长至 350 克以上，平均产量可达 150～200 千克/亩。

（8）苗种供应　因清溪乌鳖体色独特，富含黑色素，营养丰富，深受消费者喜爱，浙江超市清溪乌鳖的零售价在 200 元/千克以上，远高于普通中华鳖。当前，中华鳖养殖业正处于转型发展阶段，清溪乌鳖已成为不少养殖户喜欢养殖的品种。目前已建设国家中华鳖遗传育种中心 1 个、清溪乌鳖省级良种场 1 个和规模化繁育基地若干个，年产清溪乌鳖稚鳖约 1 000 万只，苗种供不应求。

3. 中华鳖"浙新花鳖"

（1）品种来源　中华鳖"浙新花鳖"是由浙江省水产引种育种中心和浙江清溪鳖业有限公司联合选育而成的中华鳖新品种。自 2005 年起，为充分利用 2 个中华鳖国家水产新品种的优势性能，开展中华鳖杂交优势利用和杂交育种研究，经过 10 年的杂交优势利用选育，获得中华鳖杂交新品种。

（2）选育方法 中华鳖"浙新花鳖"采用杂交育种的方法进行培育（图 2 - 3），中华鳖"浙新花鳖"的亲本为国家水产新品种中华鳖日本品系为母本、国家水产新品种清溪乌鳖为父本的杂交组合。

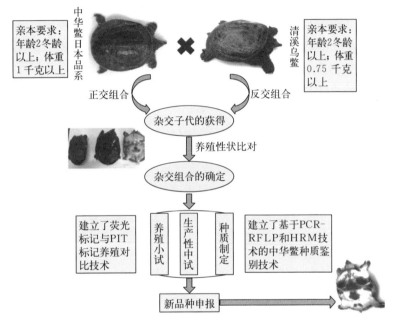

图 2 - 3 中华鳖"浙新花鳖"杂交育种技术路线

（3）审定情况 2015 年通过全国水产原种和良种审定委员会审定，并经公告成为全国适宜推广的水产新品种，品种登记号为 GS - 02 - 005 - 2015（彩图 11）。

（4）体色与体形 中华鳖"浙新花鳖"背部呈灰黑色，有黑色斑点；腹甲呈灰白色，有大块黑色斑块，并散布有点状的黑色斑点。中华鳖"浙新花鳖"外形与太湖花鳖相似，只是腹部黑色斑点更为乌黑些。与父母本相比，中华鳖"浙新花鳖"在形态比例多个特征参数方面表现出介于两亲本之间的特点（表 2 - 1）。

表 2-1　中华鳖"浙新花鳖"与两亲本之间的可量性状比的差异

可量性状比	中华鳖标准值		清溪乌鳖（雄）	中华鳖日本品系（雌）	中华鳖"浙新花鳖"
	雌	雄			
背甲宽/背甲长	0.840±0.037	0.819±0.041	0.814±0.039	0.865±0.023	0.839±0.024
体高/背甲长	0.267±0.061	0.244±0.017	0.256±0.017	0.324±0.012	0.260±0.017
后侧裙边宽/背甲长	0.084±0.013	0.091±0.011	0.092±0.008	0.087±0.009	0.089±0.006
吻长/背甲长	0.084±0.009	0.087±0.006	0.097±0.006	0.089±0.008	0.090±0.007
吻突长/背甲长	0.041±0.004	0.043±0.006	0.045±0.006	0.037±0.004	0.046±0.005
吻突宽/背甲长	0.036±0.005	0.035±0.010	0.036±0.010	0.031±0.004	0.035±0.003
眼间距/背甲长	0.032±0.005	0.032±0.004	0.031±0.003	0.029±0.002	0.030±0.003

（5）生长　中华鳖"浙新花鳖"的生长速度快。研究表明，稻田放养规格为 170～190 克的温棚 1 冬龄幼鳖，中华鳖"浙新花鳖"平均日增重 1.2 克以上，较中华鳖日本品系提高了 14.9%。外塘放养平均规格为 422 克的中华鳖"浙新花鳖"，当年规格达到 1 050克，较中华鳖日本品系提高了 21.7%。

（6）繁殖　在外塘养殖模式下中华鳖"浙新花鳖"的性成熟期为 3 年，温室加温养殖方式下性成熟期为 2 年。在江浙地区，5 月中旬至 8 月为中华鳖"浙新花鳖"产卵期，6 月至 8 月中旬为产卵盛期。每只成熟的亲雌鳖一般每年产卵 3～5 次，产卵量与普通中华鳖相当，个体平均年产卵 45 枚左右。

（7）产量表现　与其他中华鳖相比，中华鳖"浙新花鳖"生长快、抗病力较强。一般情况下，养殖成活率可达 85% 以上，稻鳖综合种养模式中养成的成活率更高，每亩放养规格 250 克以上"浙新花鳖"400～500 只，亩产量可达 100～150 千克。

（8）苗种供应　中华鳖"浙新花鳖"腹部花斑较大，生长速度较快、抗病性较好，正在进一步推广。目前作为中华鳖"浙新花鳖"亲本的中华鳖日本品系和清溪乌鳖繁育体系较为完整，因此中华鳖"浙新花鳖"两亲本的质量和数量有保障，苗种的繁育能力有一定的保障。近年来，浙江已繁育推广"浙新花鳖"1 000 余万只。

第三章
绿色养殖模式技术要点

第一节　主要养殖模式

一、池塘仿生态精养模式

池塘仿生态精养（彩图 12）生产出来的龟鳖色泽、肥满度、口感等均接近野生龟鳖，且产品质量安全可靠，因此深受消费者的青睐。在每年 4—6 月，放养体重在 15 克以上的龟鳖苗，养殖密度为 600～1 000 只/亩。经过 2～3 年养殖后，亩产量达 250～400 千克。如余杭本牌中华鳖管理协会作为中华鳖池塘仿生态养殖的倡导者和推动者，下辖会员生产基地 132 个，生态养殖面积 1.1 万余亩，年总放养量达 1 650 万只，平均亩利润可达 1 万元。

二、稻田综合种养模式

中国的稻田养鱼历史悠久，以往养殖的水生动物大多为鲤、鲫、罗非鱼等，近年来随着养殖技术的发展，泥鳅、黄鳝、青虾、中华鳖等名特水产也开始采用稻田养殖。龟鳖与水稻综合种养作为一种生态综合种养新模式，最初在浙江德清得到产业化发展。在龟鳖池中种稻，龟鳖的排泄物是水稻的优质有机肥，通过水稻的吸收利用，可以改善龟鳖池环境，显著减少病害的发生。龟鳖在稻田中通过活动，可以减少水稻病虫害的发生，从而降低农药、化肥的使用量，同时也为生态养殖高质量的龟鳖提供了富有潜力的养殖空间。如浙江清溪鳖业有限公司于 2000 年开始进行稻田养鳖（彩图13），每亩放养规格为 250 克左右的中华鳖 300~500 只，年可收获中华鳖 250~350 千克/亩，水稻产量达 500 千克/亩。目前该模式已成为促进农民增收的有效途径，在全国各地广泛推广。

三、新型温室养殖模式

温室养殖作为目前龟鳖的主要养殖方式之一，具有单位面积产量高、土地资源集约、养殖周期短等优点。与传统暗温室相比，新型温室将暗温室改造成采光的塑料大棚（彩图14），用地热能或太阳能等新型清洁能源加温方式替代传统烧煤加温方式（彩图15），有污水处理设施。通过采用清洁能源和废气处理，既能控制养殖污染，又能大幅提高单位面积的生产能力，而且龟鳖的质量安全同样可控，是一种高效生态的养殖方式。如杭州萧山天福生物科技有限公司在每年 6—8 月，准备好新型温室，将气温控制在 29~33 ℃，中华鳖日本品系放养密度为 20~30 只/米^2。经过 8~10 个月的饲养，产量可达到 9~14 千克/米^2，折合亩产 6~9.3 吨，产品出口日本。

四、两段法养殖模式

两段法模式充分发挥温室养殖周期短和室外池塘养殖品质优的长处，稚龟鳖经过 8~10 个月的新型温室养殖，在翌年 5—6 月转移到室外池塘或稻田养殖，至年底个体平均规格达 750 克以上（图 3-1）。一般温室与室外池的面积比例为 1∶10。

图 3-1　中华鳖日本品系新型温室养殖和室外池塘养殖

五、龟鳖鱼（虾）混养模式

龟鳖鱼（虾）混养是根据龟鳖、鱼类或虾类的不同生态位或不同习性，充分利用池塘水体资源，实现龟鳖鱼虾共存互利（彩图16）。混养的品种有鲫、黄颡鱼、青鱼、鲢、鳙等鱼类，青虾、南美白对虾等虾类。以养龟鳖为主时，龟鳖的放养密度为300～500只/亩，南美白对虾的放养密度为2万～4万尾/亩；以养虾为主时，龟鳖的放养密度一般为100～200只/亩，南美白对虾的放养密度为5万～7万尾/亩。鲢、鳙的放养规格为20尾/千克左右，放养密度为50～100千克/亩。

六、其他养殖模式

龟鳖与水生植物共作，如茭白、莲藕等。茭白田一般于3月底至4月初移栽茭白，5月下旬放养龟鳖，6月中旬采收梅茭，8月下旬至9月初采收秋茭，翌年4月底至5月初采收夏茭。茭白年亩产量达3 000千克，中华鳖亩产量达75～100千克。莲藕塘一般3月下旬开始种藕，5月下旬放养龟鳖（每亩套养50～100只），7月采摘莲子，10月挖藕，10月底或11月上旬开始捕捞龟鳖。莲藕亩产量可达1 500～2 500千克，龟鳖亩产量可达35～80千克。

第二节　池塘仿生态养殖模式技术

一、模式特点

池塘仿生态养殖模式是在鱼鳖混养和虾鳖混养的基础上发展起来的重要养殖模式之一，它采取一整套生态养殖技术，直接将稚龟鳖放入池塘进行养殖,使龟鳖在阳光雨露的天然环境中生长,经过1～2个冬眠期达到商品规格。这种生态型养殖方式,符合健康养殖的理念,符合龟鳖的生活习性,延长商品龟鳖的生长期,且不受污染,无药物残留,从而使龟鳖的品质、风味和营养价值接近于野生龟鳖,是名副其实的绿色食品,为消费者所欢迎。按龟鳖的生长分稚龟鳖饲养、幼龟鳖饲养和商品成龟鳖饲养阶段。

二、养殖场建设

(一)场址选择

根据龟鳖的特性,养殖场一般应选择在暖和,安静,阳光充足,远离交通干线、居民生活区和工业生活区的地方,既有利于龟鳖生态环境温度的提高,增强其新陈代谢,又有利于龟鳖的晒背、摄食和产卵。水源水质要良好,符合《无公害食品 淡水养殖用水水质》(NY 5051—2001)的规定,详见表3-1,水体盐度必须低于8,透明度以小于30厘米为佳,水的pH呈中性到微碱性,以7.5～8.5为佳。

表3-1 淡水养殖用水水质要求

序号	项目	标准值 (毫克/升)
1	色、臭、味	不得使养殖水体带有异色、异臭、异味
2	总大肠菌群	≤5 000 (个/升)
3	汞	≤0.000 5
4	镉	≤0.005
5	铅	≤0.05
6	铬	≤0.1
7	铜	≤0.01
8	锌	≤0.1
9	砷	≤0.05

（续）

序号	项目	标准值（毫克/升）
10	氟化物	≤1
11	石油类	≤0.05
12	挥发性酚	≤0.005
13	甲基对硫磷	≤0.0005
14	马拉硫磷	≤0.005
15	乐果	≤0.1
16	六六六	≤0.002
17	滴滴涕	≤0.001

　　土壤首先要选择无公害土壤，其各项指标应符合无公害生产地土壤环境质量标准相关规定，详见表3－2。土质最好是黏土或壤土，黏土、壤土保水性好，不易塌埂，pH呈碱性或微碱性。除了水源、水质、土质等因素外，养鳖场还应考虑交通、电力、周围社会环境因素及土地租用或征用费用。

表3－2　无公害中华鳖生产地土壤质量标准值（毫克/千克）

项目	标准值	项目	标准值
镉	≤0.3	铬	≤85
汞	≤0.2	锌	≤100
砷	≤13	镍	≤40
铜	≤40	六六六	≤0.1
铅	≤35	滴滴涕	≤0.1

（二）养殖场的规划与设计

1. 规划前的准备工作

　　根据业主的资金实力和技术水平，规划生产规模、所需的池塘数量以及与之相配套的建筑设施和设备。根据平面测量图和地形地貌，规划生产区、生活区和产品流通区，然后分区进行相对应的设计。绘制规划草图，撰写建立龟鳖养殖场的可行性论证报告，在广泛征求意见、反复修改的基础上最后敲定规划设计方案，再请工程技术人员制订龟鳖养殖场总体规划设计书、施工图和工程建设预算方案。

2. 总体规划

一个功能完整的龟鳖池塘养殖场应由生产区、生活区和产品流通区三大部分组成。总体规划时，首先要根据测量图、方位、地形、地貌及各区占地面积的多少，确定生产区、生活区和产品流通区的位置与面积。其中，生产区是龟鳖池塘养殖最主要的区域，一般占养殖场总面积的 95%。它由养殖池、围栏设施、进排水渠、活饵料生产基地以及与其相配套的其他辅助设施组成。生活区是龟鳖饲料制作和养殖工人生活、休息区域。由于龟鳖喜静怕惊，生活区切不可规划在养殖场中心处，而应规划在交通方便的边角处，尽量减少人类活动对龟鳖的影响。生活区内应规划设计办公室、饵料制作工场、仓库、人工孵化房、配电房等建筑设施。产品流通区亦称商品流通区，主要是销售商品龟鳖及其卵。由于在流通销售过程中存在着疫病传播的危险，因此这个区域也应规划设计在排水渠道的下游出口处，并应建立隔离带，与生产区实行严格的隔离。

（三）池塘建设

1. 养殖池

养殖池面积不可建得太大，一是管理不方便，二是防治病害成本高，三是成品龟鳖很难捕光，将会严重影响下一个生产周期稚龟鳖的生长和存活。但也不可建得太小，池小，土地利用率低。生产实践表明，成体池的面积以 10～30 亩为佳。为充分利用光照和方便建立围栏设施，成体池应尽量开挖成东西长南北短的长方形，长宽比以 2:1 为佳，深度以 1.5～1.8 米为佳，堤埂的坡比为 1:（3.0～3.5）。这样可常年蓄水 1.2～1.5 米，既能满足龟鳖生长所需的水体空间，又能使其安全越冬。由于龟鳖具有攀爬逃逸的能力，因此需要建造围栏设施。围栏的材料可因地制宜，就地取材，选用铝合金箔板、PVC板、玻纤板、薄水泥板以及石棉瓦等材料均可。将这些板材竖于每条堤埂的埂面中线上，埋入泥中10厘米，竖于堤面上45~50厘米，然后每隔几米打入木桩或竹桩将板材固定。此外，还要建造食台和晒背台，供龟鳖取食和晒背。食台可用水泥瓦楞板搭设，既方便又省钱。水泥瓦楞板（长150厘米，宽60厘米）每隔4~5米放一块，横放于堤埂的斜坡水线处，使之1/3淹在水下，2/3露于水上。投饲时将颗粒饵料投于贴近水线的瓦楞槽中。常见的晒背台有：①利用池坡在池边向阳处，用砖块或水泥板在与水面相接处做成与池边等长，宽1米的长条形斜坡；②将长2~3米、宽1~2米的竹板或聚乙烯板斜置于池边水面；③用木材或竹材做成棚式拱形晒台，固定于水面；④将网片固定于水面上，网的一边伸入水中。

2. 亲本池

亲本池除饲养亲本外，还担负着收集龟鳖卵的任务。因此，其结构与附属设施的建设也有别于成体池。除上述设施外，还需建造产卵场。产卵场一般高出池水面50厘米，长为池边长的1/3~1/2，宽1~2米，内铺放粒径0.5~0.6毫米、厚度40~50厘米的细沙，上有顶用来遮阳、挡雨。

三、池塘养殖稚龟鳖技术

任何动物，越是幼小越难饲养。饲养稚龟鳖的难度高于饲养幼体和成体。尤其是池塘饲养稚龟鳖，将从条件十分优越的人工温室环境中孵化出来不久的体重仅3~5克的稚龟鳖直接放养于水域环境复杂、昼夜温差变化较大的露天池塘中饲养，难度更大。

（一）稚龟鳖来源

池塘养殖的稚龟鳖，可以从本养殖场亲本池收集龟鳖卵自行孵化获得，抑或由外部养殖场龟鳖卵孵化获得，或直接购买苗种。

（二）放养前的准备

放养前要做好清塘、培肥等工作。常用的清塘方法有两种：一是干法清塘。放干池水，清淤，日晒 3～5 天，在池角挖坑，每平方米用生石灰 100 克化浆全池泼洒，之后用铁耙耙一遍。隔日注水至 1.5～1.8 米，5 天后即可放养。二是带水清塘。1 米水深的池塘，每平方米用生石灰 200 克，在池边溶化成石灰浆，均匀泼洒；或者用含有效氯 30％的漂白粉 10 克加水溶解后，立即全池泼洒。清塘消毒后，稚龟鳖放养入池前 5～7 天，在每亩鳖池底部先铺施已经发酵腐熟的有机堆肥 400～500 千克，然后注水 40～50 厘米，至稚龟鳖放养时，尽量使池水的透明度达到 30 厘米左右，水色呈嫩绿色或红褐色，使池水中轮虫等饵料生物旺发，为稚龟鳖提供丰富的天然饵料生物。同时，在池塘中栽种浮萍、水葫芦和水花生等水草，增加龟鳖的栖息空间和藏身处所，降低其互相撕咬的可能。

（三）稚龟鳖放养

开食后的稚龟鳖即可放养入池。稚龟鳖放养密度不可太稀，也不可过密。近几年池塘养殖的生产实践表明，以每平方米水面放养稚龟鳖 10～20 只为佳。放养稚龟鳖时，孵化房内的水温与龟鳖池的水温要基本一致，否则容易引起放养入池的稚鳖感冒。放养时间在每年的 6—8 月，选择在天气晴好、水温较高的中午进行放养。放养入池时，最好将稚龟鳖散放在各个食台板上，让其自行从食台板上爬入养殖池水中。放养结束时，可将开食用过的饵料浆水泼洒在各个食台板上，用以增强稚龟鳖识别人工配合饵料气味的能力，以便稚龟鳖尽快上食台摄取人工饵料。在同一只龟鳖池中，若留有或逃进数只大规格的龟鳖，大规格的龟鳖占领食台摄食，小规格的龟鳖不敢靠近，每天很少吃到饵料，严重时甚至吃不到饵料。这样，大规格的龟鳖天天饱食，越长越大；小规格的龟鳖则天天饥饿，形体消瘦长不大。因此，放养时要注意规格的整齐性。

（四）饵料投喂

稚龟鳖放养入池的第二天起即应投喂人工饵料。第一周，加工成的颗粒饵料要均匀地散投在食台板的水下部分。第二周则将颗粒饵料逐渐往上投放，即投在食台板淹没水线的上下附近。两周后则将颗粒饵料逐渐投放到食台板淹没水线上方的第一条凹槽内，把稚龟鳖引到水上摄食。

稚龟鳖的第一次饵料投喂量一般以每千只稚龟鳖投喂 800 克颗粒饵料试之，以后则根据池内稚龟鳖的吃食情况调整。投喂时动作要轻、要快，尽量减少对稚鳖的惊扰。规模较大的龟鳖场，投喂饵料要尽量从边远的龟鳖池开始投喂，然后逐步投向靠近工作区的龟鳖池以减少投饲操作对稚龟鳖吃食的影响。一般日投饲量为龟鳖体重的 5%～8%，定时定量把饵料放在食台上，日投喂 3 次，即早上太阳升起时一次，11:00—12:00 第二次，15:00 左右第三次。稚龟鳖饵料一定要喂足，每次投喂量以稚龟鳖在 2 小时左右吃完为佳。

（五）日常管理

稚龟鳖放养入池后，日常的饲养管理工作千头万绪，归纳起来主要有以下几个方面：一是防止逃逸。龟鳖是爬行动物，会入水游泳，会上岸爬行。每遇下雨天闷热的夜晚，大多稚龟鳖会上岸沿着围栏边作周圈爬行，此时围栏若有破损，稚龟鳖即会乘隙逃逸，有时候稚鳖还会沿着固定围栏的木桩上爬，翻过围栏而逃。因此，一旦发现池周围栏破损和堤埂裂缝，应及时修补和填堵。二是消灭老鼠。老鼠是龟鳖的天敌。老鼠危害龟鳖全部在夜间进行，专门撕咬上岸活动的稚龟鳖。因此，消灭老鼠是最重要的日常管理工作。龟鳖场捕杀老鼠最有效的办法是在养殖池近水边堤埂上安装"电猫"，不到半个月即可消灭场内老鼠。鼠药能消灭老鼠，也能毒杀稚龟鳖，因此池塘养殖不能用鼠药来消灭老鼠。三是清除螯虾。克氏原螯虾极易在堤埂上打洞，一定要及时清除，挖出洞内螯虾，杀死喂鳖，同时要立即填补虾洞。四是驱赶白鹭等鸟类。白鹭是稚鳖的天敌。一定要及时驱赶白鹭，否则会越聚越多，对稚鳖危害更大，可用拉绳的方式进行。五是做好鳖病预防。除了扫除残饵、清洗和消毒食台、保持食台清洁外，还需切实抓好池水的消毒和预防工作。具体方法见后文。

四、池塘养成技术

（一）放养密度

放养时一定要注意养殖规格，使规格基本相同的龟鳖养在同一池塘内。中华鳖的放养密度见表3-3。

表3-3 幼鳖、成鳖参考放养密度

规格（克/只）	放养密度（只/米²）
100～200	3～4
200～300	1～2
300～500	0.5～1

（二）饵料投喂

投喂严格按照定质、定量、定时、定点的"四定"原则。①定质。配合饵料优；动物性饵料和植物性饵料应新鲜、无污染、无腐败变质。②定量。幼龟鳖阶段，其饵料的日投喂量一般为其体重的 $4\%\sim5\%$；成龟鳖阶段，其饵料的日投喂量一般为其体重的 $2.5\%\sim3\%$。当天各次的饵料投喂量则以前一次所投饵料量为基础，再结合龟鳖摄食时间的长短、天气与环境条件的变化灵活变更，一般一次投喂的饵料量掌握在2小时吃光为宜。③定时。水温 $18\sim20\ ℃$ 时，2天1次；水温 $20\sim25\ ℃$ 时，每天1次；水温 $25\ ℃$ 以上时，每天2次，分别为09:00前和16:00后。④定点。饵料应投在饲料台上。

（三）水质管理

管理工作主要是使池水有一定肥度，要求池水呈绿褐色，幼龟鳖池水透明度 25～35 厘米，成龟鳖池水透明度 30～50 厘米。pH为 7.5～8.5，氨氮含量控制在 4 毫克/升以下。若池水清瘦，可适当施些有机肥，亩用量 50～100 千克。幼龟鳖池每隔 4～5 天换水1 次，成龟鳖池换水时间可长些。当 pH 降至 7.0 以下时，每隔 10～15 天施 1 次生石灰，亩用量 10～20 千克，以改善水质。成龟鳖池水位控制在 1.0～1.5 米，幼龟鳖池的水位可小些。

（四）日常管理

池塘养殖幼龟鳖、成龟鳖的日常管理工作主要有：一是保持环境安静。龟鳖胆小，喜静怕惊。因此，每天在固定的时间投喂好饵料后，应立即关闭龟鳖场大门，严禁人畜进场影响其摄食和晒背等活动，保持龟鳖场环境安静。这样，投喂饵料后，池内所养的龟鳖会很快爬到食台边伸出头摄食。吃饱了，则会爬上晒背台或堤埂岸边悠闲自在地晒背。此时若受惊吓，正在摄食的稚龟鳖会立即潜逃水底，钻埋于淤泥中，且会在当天拒食；正在晒背的稚龟鳖，则会迅速跌落水中，有时候甚至擦伤体表皮肤，引发龟鳖病害。二是扫除食台残饵。残饵黏附在食台上极易腐烂发臭，滋生病原菌，引发龟鳖病害。除此之外，黏附在食台上的残饵夜间还会引诱老鼠偷食和危害龟鳖。因此，对于黏附在食台上的残饵，每天傍晚太阳下山时用扫把扫入水中，作为鱼虾的饵料。三是经常消毒食台。食台是龟鳖摄食的主要场所，保持食台清洁，可大大减少龟鳖发病的概率。因此，除了每天扫除残饵外，食台板还要经常洗刷干净并用漂白粉消毒。傍晚时分龟鳖大多躲在食台板下面，因此洗刷、消毒食台板时，动作要轻、快。四是加强水体消毒。随着养殖时间的增长，龟鳖池水体的富营养化程度会加剧，水中龟鳖的各种致病菌也会随着滋生或暴发，引发龟鳖病害。因此，在养成期间，仍须像饲养稚龟鳖一样，加强龟鳖池水体的消毒，以防龟鳖病害发生。消毒常用的药物为生石灰和漂白粉，消毒的药物剂量、方法和时间与稚鳖池相同。五是随时消灭老鼠。一旦发现龟鳖池内有老鼠洞或有老鼠出没，应立即挖掘和消灭，切不可姑息养患。六是加强防逃管理。日常管理中要加强防逃，尤其是夏秋两季的下雨天，池内大多数龟鳖上岸顺着围栏板边爬行时更要加强巡池。发现有龟鳖外逃，即应捉回，并立即寻找和切断其逃逸途径。七是做好疾病绿色防控。养殖期间，若无特殊原因，龟鳖突然减少食量或拒食，就是龟鳖发病的先兆。为此，饲养人员应立即赴池边堤坝埂面上寻找上岸后不肯下水的病龟鳖，然后对症下药进行防治。防治方法详见本章第六节。

五、池塘饲养亲本技术

池塘饲养亲本，目的是提高亲龟鳖群体的繁殖力，尽量使亲龟鳖多产卵、产好卵。

（一）放养前的准备

亲本放养前首先要做好亲本池的消毒。最好的消毒药物为生石灰，每亩亲龟鳖池用生石灰 150～200 千克，具体的消毒方法与稚龟鳖池相同。如果搭养鱼、虾。一般每亩亲本池可放养体长 15 厘米以上的鳙鱼种 30～50 尾，尾重 30 克的鲫鱼种 100～150 尾，体长 1～2 厘米的青虾种 3～5 千克。

（二）亲本的挑选和消毒

亲本宜选用野生或人工选育的非近亲交配、已性成熟的成龟鳖，形态应符合各自所属种的分类特征，要求活泼健壮，体形完整、无病残、无畸形，体色正常、体表光亮，龟的皮肤无角质盾片脱落，鳖的裙边肥厚、有弹性，颈脖伸缩自如。亲本消毒常用的方法是 15 毫克/升高锰酸钾浸泡 30 分钟。

（三）亲本的放养

放养时间以秋末、冬眠前放养为佳，选择晴天上午放养。在此时期放养，一是亲龟鳖易选，二是还有一段时间可进行强化培育，增强其体质，以利于其越冬和翌年多产卵。放养密度以稀养为佳，但不可过稀，否则浪费水体资源。一般亲龟放养密度以 1 只/米^2，亲鳖放养密度以 300～400 只/亩为宜。雌雄性比搭配亲龟以 (2～3)∶1 为宜，亲鳖以 (5～7)∶1 为宜。

（四）饲养管理

根据亲龟鳖的饲养目的及其生理需要，在饲养中应特别抓好以下几项工作：一是开食要早。亲龟鳖结束冬眠，一旦出土透水、上岸晒背，即应投喂营养丰富的配合饵料。由于亲龟鳖经过较长的冬眠，为维持自身的基础代谢和满足体内卵细胞的成熟，消耗了大量的能量和营养，体质十分虚弱，亟待补充大量的营养以恢复体质，准备交配、产卵和繁衍后代。若此时不及时喂食，补充其营养所需，则亲龟鳖体质会更加虚弱，非但不利于产卵，而且还会危及自身安全。每年首次开食，每个食台的投饲量先以 0.5 千克试之。若所投饵料不到 2 小时就吃完，这说明投饲量不足，下次投饲可适当增加一些。若所投的饵料半天还未吃完，则下次投喂可适当减少一些。二是投饲要足。龟鳖是多次产卵型的动物，当其达到性成熟以后，在其生长期内几乎天天需要有大量的营养物质转化为卵细胞和精子等性产物。有试验表明，饲养亲龟鳖，饵料投喂量充足与否与其产卵的多少和所产卵子质量的优劣有着非常密切的关系。饲养亲龟鳖投喂的饵料量一定要充足，配合饵料的日投喂量应为亲龟鳖总体重的 5%～8%。三是添加鲜活饵料。亲龟鳖饵料的生产实践表明，尽管人工配合饵料的营养成分配方与亲龟鳖自身的营养组成相近或相似，但单纯投喂人工配合饵料，雌龟鳖的产卵量和卵子的受精率总不是很理想。如果在日粮中添加各种鲜活的动物性饵料，如牛肉、鸡蛋、鱼虾、螺蛳、蚯蚓、黄粉虫、猪肝等，则其产卵量会有较大的增加，卵子的受精率也会有较大的提高。一般在人工配合饵料中添加鲜活的动物性饵料，添加量以占饵料总量的 30%～40% 为佳。四是及时投放螺蛳。雌龟鳖由于产卵，要消耗大量钙质。因此，亲龟鳖饵料中钙含量一定要丰富，以满足其生殖生理需要。简易办法是往亲本池中投放活体螺蛳。螺蛳含钙量最高，而亲龟鳖又最喜食，所以亲龟鳖池放养螺蛳，既满足了亲龟鳖的营养需求，又补充了大量的钙质，还可改善亲龟鳖池水质，一举三得。亲龟鳖池投放螺蛳，切不可将螺蛳轧碎或敲碎，一定要活体投放。一般每亩亲龟鳖池投放螺蛳 250～300 千克，可根据螺蛳的来源和亲本池面积大小进行一次或分次投放。

(五) 日常管理

坚持早、中、晚巡塘检查，每天投饲前检查防逃设施；随时掌握龟鳖摄食情况，以此调整投饲量；观察龟鳖的活动情况，如发现异常，应及时处理；看水色，量水温，闻有无异味，做好巡塘日志；勤除杂草、敌害、污物；及时清除残余饵料，清扫食台；给予充分晒背和经常流水刺激；稳定越冬水位，保持水深在 1.3～1.5 米；此外还应加强疾病的预防工作。

第三节　稻田综合种养模式技术

一、模式特点

稻田综合种养是基于我国传统的稻田养鱼与龟鳖养殖而创新建立的一种稻渔综合种养模式。该模式将水稻种植与龟鳖养殖有机结合，建立起一种稻田资源生态高效的利用方式。稻田综合种养，既是龟鳖养殖业转型发展的需要，同时也是我国古老的稻田养鱼的模式创新（毛振尧等，1986）。自 21 世纪初以来，龟鳖稻田综合种养模式在浙江、湖北、湖南、安徽、江西等地推广应用，并取得了良好的社会、经济与生态效益，受到渔民和农民的广泛接受与欢迎。各地的养殖实践表明，龟鳖在稻田中综合种养，龟鳖摄取稻田中的害虫和杂草，龟鳖的排泄物又作为优质的有机肥料大幅度减少农药和化肥的使用。同时，与大棚温室及专养龟鳖池塘相比，龟鳖的放养密度不高，病害少，活动范围广，利于龟鳖的品质提高。按照作业方式，可分为龟鳖与水稻共生、轮作等方式。

二、稻田要求

(一) 稻田选址

由于龟鳖喜静怕惊、喜阳怕风，养殖的稻田应选择在环境比较安静，且远离噪声大的公路、铁路、矿厂等地方，地势应背风向阳，避开高大建筑物。稻田周边基础设施条件良好，水、电、路及通信设施基本具备，且有供电保障。

(二) 基本条件

稻渔综合种养的稻田的基本条件：

（1）水源充足　虽然水稻田水利设施良好，但水产养殖不同于水稻种植，对水的要求更高，既不能缺水，也不能发生洪涝，养殖的稻田需有良好的水利灌溉系统。

（2）水质良好　水源的水质要好，无农药、重金属及其他工业的污染源，水质符合《渔业水质标准》。

（3）土壤保水性好　养殖稻田的水位较浅，在养殖期间保持水位十分重要。如果稻田渗漏、保水性差，造成水位不稳定，需要频繁加水，会增加操作难度。因此，稻田土质以保水性好的土壤为好，如黏土、壤土等。

（4）稻田集中连片　过于分散不利于规模化养殖与管理，单个田块的面积要因地制宜，能大则大，方便机械操作。

（三）田间工程改造

水稻田的基本功能是种植水稻，引入龟鳖养殖后，由于龟鳖对生长栖息环境的要求与水稻不尽相同。因此，需要对水稻田进行适当改造，建设龟鳖在搁田、收割等作业时的栖息场所和防逃设施，尽量满足稻与鳖对稻田环境与条件的不同需求，协调缓解在种养过程中因种养作业产生的矛盾。主要田间工程包括稻田田埂、鱼沟、鱼坑、防逃设施、排灌水渠等的建设与改造。

1. 田埂

田埂的改造一般与鱼沟、鱼坑的开挖同时进行。利用挖坑、沟的泥土加宽、加高、加固田埂，既提供了田埂改造的泥土来源，又解决了鱼沟、鱼坑开挖后的泥土的去处与田面的平整。稻渔综合种养的田块田埂的高度至少要高出水稻田 0.4～0.5 米，这样能确保稻田水位可以保持在 0.3～0.4 米甚至更高。田埂的宽度宜在 1.0～1.5 米。作为机耕路或主要道路使用的田埂，要通农机和运输车辆，一部分还要绿化，需要在两边栽种花木，田埂面的宽度可为 2.5～4.0 米（图 3-2）。田埂要打紧夯实，确保不裂、不垮、不

图 3-2　作为主要道路的田埂

漏水，以增强田埂的保水和防逃能力。田埂内侧宜用水泥板、砖混墙或塑料地膜等进行护坡，防止田埂因鳖的挖、掘、爬行等活动而受损、倒塌。用沙石或水泥铺面，作为机耕路或主要道路的，则要求沙石垫铺层，用水泥或沥青铺面。

2. 进排水设施

进排水设施主要包括机埠、进排水沟渠及进出水口等。由于稻田的进水与排涝设施一直以来都是农田水利设施建设的重点，故这些基础设施较为完善，满足龟鳖稻田综合种养所需。如机埠一般建在提水的水源地，进水沟渠将水源水引入稻田边，经进水口灌溉稻田。进水口材质可以用"U"形水泥预制件、砖混结构或 PVC 塑料管道。沟渠的宽度、深度根据养殖稻田的规模而定，一般深60～70 厘米，宽 50～60 厘米（彩图 17）。进排水管道常用直径为 30～40 厘米塑料管道。进水口建在田堤上；排水口建在沟渠最低处，由 PVC 弯管控制水位，能排干所有水。

3. 沟、坑建设

沟、坑是龟鳖稻田综合种养的主要田间设施建设内容之一。其主要用途：一是作为养殖龟鳖良好的栖息场所；二是作为在水稻搁田、收割时龟鳖的临时栖息"避难所"；三是为龟鳖提供投喂饲料的场所；四是作为在养殖过程中病害预防时使用漂白粉、生石灰等消毒剂的场所；五是作为龟鳖的冬眠与捕获场所。一般利用冬闲季节进行沟、坑的开挖，在春季水稻种植之前完成。为确保粮食安全生产，要以基本不影响水稻产量为前提协调处理好沟、坑的面积占比。根据近年来的实践表明：当沟、坑面积占比 10% 左右时，水稻在沟、坑两边适当密植，以充分利用水稻的"边际效应"以及稻渔共生的互利作用，水稻产量不会受到影响；当沟、坑面积占比 10%～15% 时，水稻产量下降 2%～5%；当沟、坑面积占比 15%～25% 时，水稻产量会下降 5%～15%。因此，在发展龟鳖稻田综合种养模式时，必须将沟、坑的面积控制在 10% 以下。沟、坑的布局根据稻田的田块大小、形状和养殖品种等具体情况而定，可以是环沟、条沟或口形坑。环沟沿稻田四周开挖，宽 3～5 米，沟深应为 0.6～1.0 米，为方便机械作业，需留出一条宽 3～5 米的农机通道。条沟有沿田埂边开挖，也有在稻田中开挖（彩图 18）。在田边开挖方便泥土用于田埂的加高、加固，宽度可以比环沟的宽度大一些，5～10 米为宜，长度根据沟、坑面积占比而定。口形坑一般为长方形，数量 1～2 个，在稻田的中间或两端开挖 2 个。坑的四周要设置密网或 PVC 塑料围栏，围栏向坑内侧要有一定的倾斜，倾斜 10°～15°（彩图 19）。坑的设置，一方面，在水稻没有插种或没有返青时作为放养的场所；另一方面，当水稻收割放水干田时，龟鳖会向有水的地方慢慢集聚，当龟鳖进入坑后由于 10°～15° 的内倾斜，不能重新进入稻田，解决了因稻田田面大、龟鳖的放养密度较低而捕捉较困难的问题。

4. 防逃设施

防逃是龟鳖稻田综合种养管理中重要的环节。与专养池塘相比，稻田田埂低、水浅，养殖的水产品种容易逃。特别是龟鳖具有掘穴和攀爬的特性，能离水逃逸，尤其是在雨天或闷热天，因此防逃设施显得尤为重要。防逃设施可以是水泥砖混墙和水泥板，也可以是用密网、PVC 塑料板、塑料薄膜等材料围成的围栏（彩图 20）。前一类设施建设成本高、坚固耐用，而且在冬闲季节可以蓄水养殖，适合于稻田租用期长、规模较大的种养殖区，特别是种养殖示范园区、农业企业、专业合作社及家庭农场等。后一类设施建设简单、投资少、比较实用，但不足之处是只能起防逃作用，不能蓄水，而且使用年份不长，需要经常维修与更换，适用于普通种养殖户。对于用水泥砖混墙和水泥板建成的防逃围墙，要求墙高 60～70 厘米，墙基深 15～20 厘米，内侧水泥抹面、光滑，四角处围成弧，墙顶压 10～15 厘米的防逃反边。对于用 PVC 塑料板、彩钢板、密网等围成的简易防逃围栏，高度应为 50～60 厘米，底部埋入土 15～20 厘米，围栏四周围成弧形，每隔一段距离设置一小木桩或镀锌管，高度与围栏相同，起加固围栏作用。

5. 防敌害设施

龟鳖稻田综合种养模式的主要敌害有老鼠、水蛇及白鹭等。目前白鹭由于受到良好的保护，群体数量大，喜欢集群性捕食，对小规格的稚龟鳖危害很大。防敌害设施主要有两类：一类是设置防鸟网（彩图 21），即在稻田中每隔 8～10 米打一个相对应的木（竹）桩或镀锌管，桩（管）高 1.5～2.0 米，打入泥 10～15 厘米，然后安装大网目的渔网。另一类是设置防鸟线，即在相对应的两个桩上拴牢、绷直直径为 0.2 毫米的细胶丝线，就像在稻田上面画一排排的平行线，线间距 20～30 厘米，桩高度略高于收割机。

6. 投饲台设置

龟鳖稻田综合种养时，稻田中的天然饵料难以满足龟鳖的需要，为合理投喂配合饲料、减少浪费，需在养殖龟鳖的稻田中设置投饲台。投饲台一般可用水泥板、木板、彩钢板、石棉瓦或 PVC 管架设制成，设置在沟、坑中周边。PVC 管网围成的投饲台，一般每个坑设置一个，长 3～5 米、宽 2～3 米，漂浮在沟、坑上，用于投喂膨化配合饲料；用水泥板等材质架设而成的投饲台，一般设置成倾斜状，倾斜 10°～15°，约 1/3 倾斜淹没于水中，2/3 露出水面，用于投喂软颗粒饲料等。

7. 监控设施

在龟鳖稻田综合种养场的四周重要区域，安装实时监控系统，利用互联网在手机端实现实时监控，观察龟鳖的活动及摄食情况，也可在四周设置红外报警系统，防止外来人员擅自进入。

三、龟鳖与水稻共生技术

龟鳖与水稻共生是指龟鳖与水稻在相同的田块和季节进行种养，其主要技术要点介绍如下。

（一）田间工程的检查与准备

用于龟鳖养殖的稻田，无论是双季稻田还是单季稻田，均必须进行田间工程建设，主要内容包括平整稻田，开挖沟、坑，加高、加宽、加固田埂，开挖或铺设进排水渠（沟）或管道等。在放养龟

鳖之前，需要进行检查与准备工作，检查所有田间工程是否已经配置与完备，主要包括防逃、防天敌设施，开挖的沟、坑，进排水渠（沟）、管道，田埂、投饲台（框）等。

（二）消毒

稻田消毒最常用的药物是生石灰，每亩用约 100 千克的生石灰化浆后全田泼洒，需要重点消毒的是沟、坑。用生石灰全田泼洒除有消毒作用外，还有改良土壤的作用。

（三）水稻种植

1. 水稻品种的选择

选择合适的水稻品种对水稻稳产、高产十分重要。由于各地的地理位置、自然条件、耕种方式、消费习惯等不尽相同，种植的水稻品种繁多，因此要根据当地生态条件、生产条件、经济条件、栽培水平及病虫害发生危害等情况进行选择。龟鳖与水稻共作对水稻品种有五点要求。一是分蘖力强。稻田综合种养的田块沟、坑的开挖减少了 10% 左右的种植面积。种植面积和植株的减少会影响水稻产量。种植分蘖力强的水稻品种有利于提高水稻有效穗数，增加水稻产量。二是耐肥抗倒性好。多年养殖龟鳖的稻田，往往由于残饵和龟鳖的排泄物等的多年沉积，土壤肥力一般较好，且种养结合过程中长期的高水位，容易引起水稻后期倒伏，因此，种植的水稻品种要选择茎秆粗壮、耐肥抗倒性能好的品种。三是抗病虫害能力强。为提高产品的品质，综合种养的稻田一般不用药或病虫暴发期难于控制时少量用药，以降低农药对龟鳖的影响。因此，宜选用抗病性好的品种，要重点选择抗稻瘟病和基腐病的品种，可根据当地水稻品种生产实践，选择稻瘟病抗性在中抗以上、多年种植没有发病或发病很轻的当地品种，兼顾抗纹枯病和白叶枯病的则更好。四是生育期长。龟鳖的生长期在 4—10 月，水稻品种应选择生育期长，收获期在 10 月底或 11 月上旬的中迟熟晚粳稻品种为宜，有利于延长龟鳖与水稻的共生期，给龟鳖一个相对安静的环境。中籼或晚籼类水稻品种一般收获时间在 9 月底至 10 月上中旬，共生时间相应会缩短近一个月，会对龟鳖的养殖和水稻管理不利，因此，中籼或晚籼类水稻品种相对不宜选用。五是稻米的品质优、口感好。如选择产量较高的香型优质米品种，生产的大米品质优，种植的稻谷经济效益高，加工包装后可以以较高的价格在市场上销售。从近年的生产实践来看，常规晚粳品种可选用嘉 58、秀水 134、浙粳 99、嘉禾 218 等；杂交晚粳稻品种可选用嘉优 5 号、嘉禾优 555 等（图 3 - 3）；籼粳杂交稻品种可选用甬优 15 号、甬优 538、嘉优中科 1 号等。

图 3 - 3　嘉禾优 555 号

2. 水稻育秧

水稻育秧包括晒种、选种、浸种、催芽、精做秧板及播种等环节。播种前将种子摊薄，在晴天晒 2 天，提高种子的发芽率和发芽势。其主要好处在于晒种可以促进种子后熟和提高酶的活性；促进氧气进入种子内部，提供种子发芽需要的游离氧气，促进种胚赤霉素的形成以加快 α 淀粉酶的形成，进而催化淀粉降解为可溶性糖以供种胚发育之用；降低发芽的抑制物质如谷壳内胺 A、谷壳内胺 B 等的浓度；还可利用阳光紫外线杀菌等。在播种之前，采用风选的方法去除杂质和秕谷，再用筛子筛选，去除种谷中携带的杂草种子，挑选谷粒饱满的种子进行浸种。浙江稻区杂交稻品种浸种时间一般为 36～48 小时，常规稻品种为 48 小时。浸种后用清水洗干净催芽，催芽要求"快、齐、匀、壮"。快即催芽在 48 小时左右，其中高温（35～38 ℃）破胸在 24 小时内完成。齐即出苗要齐，要求发芽率达到 85％以上。匀是指芽长整齐一致。壮指幼芽整齐粗壮、根芽长比适当、颜色鲜白、气味清香、无酒味。当前单季晚稻或工厂化育秧的种谷只要破胸露白就可以播种。秧板是用于稻种催芽后育秧的田块（彩图 22）。秧田与大田面积的比例要根据季节、品种和不同叶龄移栽而定，适龄移栽条件下，单季晚稻和杂交水稻为 1∶10，机插秧 1∶80。秧田要选择土质松软肥沃、田平草少、避风向阳、排灌便利的田块，要求耕翻晒堡，施足腐熟基肥，耙平耙细，秧板要干整水平、上虚下实、软硬适度。秧板宽 1.5～1.7 米，沟宽 20 厘米，周围沟深 20 厘米。

根据晚粳稻品种生育期特性、茬口、栽插期及移栽时间适量适期播种。一般手插秧单季晚稻秧田播种量为常规晚粳稻 30～40 千克/亩，杂交晚粳稻 15～20 千克/亩。播种时间一般在 5 月上中旬为宜。机械插秧的秧苗应选用工厂化育秧或旱育秧方式，具体为用塑料硬盘育苗（58 厘米×28 厘米），一般常规晚粳稻每盘均匀播破胸露白芽谷 120～150 克，杂交晚稻播 80～100 克，压籽覆土后，浇透水。

3. 栽前准备

栽前准备主要有：①精细整田、施足底肥。当年在收获水稻后及时翻犁，翻埋残茬，翌年在水稻栽前再进行犁耙。精细整田，达到田面平整，做到"灌水棵棵青、排水田无水"。底肥坚持以有机肥为主，氮、磷、钾配合施用。栽前结合稻田翻犁亩施有机肥 1 500～2 000 千克，结合耙田亩施普钙 40～50 千克、钾肥 8～10 千克作底肥。②适时播种，适当早栽。单季晚稻机插秧的秧龄控制在 15～18 天，手插移栽的秧龄控制在 20～25 天。③基础苗的确定。基础苗数主要依据品种的适宜穗数、秧苗规格和大田有效分蘖期长短等因素确定。常年种植水稻的田块，每亩种植 0.8 万～1.1

万丛，基本苗 2 万～3 万苗/亩为宜。没有种过水稻的鱼池，由于肥力较高应以少本稀插为主，每亩种 5 000 丛左右。

4. 水稻移栽

目前有多种移栽方法，其中两种应用最为广泛：一是人工插秧，大田育的秧苗主要靠人力手工栽培；二是机械插秧，塑料育秧盘培育的秧苗主要是用插秧机机械插秧代替人工插秧，大片种植成本较低（彩图 23）。

播插适龄的壮苗对水稻的返青、分蘖有好处，秧龄适中的壮苗返青快、生长好，要求选用 3.1～3.5 叶的旱育中苗或 4.1～4.5 叶的旱育大苗。秧苗的播插密度与稻田田块的土壤肥力、秧苗质量、气候条件和水稻品种等密切相关（彩图 24）。

5. 水稻管理

水稻插种以后，进入大田管理阶段。大田管理主要包括返青期、分蘖期、拔节孕穗期和抽穗结实期等几个阶段的管理，每一阶段有所侧重，措施有所差异。返青期要保持合适的水位，做到浅水促分蘖。对于插种的秧苗，在水稻移栽初期，水位要适当浅一些。此时浅水位有助于提高稻田中的温度，增加氧气，使秧苗的基部光照充足，加快秧苗返青。水稻返青后就进入分蘖期，需要合理施肥。在移栽后 5～7 天可以施肥，每亩用尿素 10 千克、复合有机肥 20～30 千克，促进有效分蘖。对于肥力较好的稻鳖种养田块可根据情况少施或不施肥。搁田是分蘖期管理的重要措施。当秧苗数达到预期的数量或在有效分蘖末期，就可以开始搁田。通过晒田，改善土壤透气性，抑制秧苗的无效分蘖，防止水稻后期倒伏。一般在 6 月中旬至 7 月中旬进行，要多次搁田，在搁田控蘖时不宜重搁，以 1 周左右为宜，由轻至重，必要时直至搁硬。晚稻拔节期一般在 7 月下旬，正值鳖稻共生期，在稻鳖种养的田块，搁田对养殖的水产动物有所影响，但由于沟坑的存在，养殖的水产动物能安全度过。水稻拔节后就开始进入孕穗阶段，此时温度较高，水分蒸发量大，要以灌深水为主（10～20 厘米），但同时也要防止长时间深水位，因此要采用灌水、落水相间的方法控制水位。幼穗分化期是水稻需养分的高峰期，稻鳖种养稻田可以根据田块的实际肥力决定肥料的施用，如需要，每亩可施 3～4 千克尿素。抽穗结实期是谷粒充实的生长期，也是水稻结实率与粒重的决定期。管理的重点是田间要有充足的水分满足其需要，但如长时间的深水位则往往会使土壤氧气不足，根系活力下降。因此，在大田管理的四个阶段，灌溉分别要符合干、干、湿、湿的要求，如土壤肥力不足则需要补肥。水稻进入黄熟期则要排水搁田，直至鳖停食，使鳖爬入暂养池。收割时，做到田间无水、收割机械能下田。

（四）龟鳖放养

1. 放养方式

龟鳖的放养方式主要有三种：一是放养稚龟鳖，将刚孵化出的稚龟鳖直接放养在稻田中，直至养成。这一放养模式中，鳖的整个生长期均在稻田中。由于放养的稚龟鳖规格小，养殖 3～4 年后才能达到商品规格，因此，养殖周期太长，养殖风险较大。但由于养成的鳖在市场上被认为品质高，经品牌注册后，市场价格较高。放养的稚龟鳖要经暂养驯食，要求脐带收齐、卵黄囊已经吸收、规格在 3.5～4.0 克，亩放养 2 000～3 000 只。由于养殖周期长，一般先将稚龟鳖培育成小规格的龟鳖种，然后经分养后再养殖成商品龟鳖。二是放养小规格龟鳖种，即放养经一年养殖后规格为 50～100 克的龟种或 100～200 克的鳖种，放养密度每亩 500 只左右。放养这种规格的龟鳖种到养成商品规格，一般还需要在稻田中养殖 1～2 年，养成的商品龟鳖质量和品质与直接放养稚龟鳖相差无几。三是放养大规格龟鳖种，即在稻田中放养体重 250 克左右的龟种或 400～500 克的大规格鳖种。这种放养模式采用的是"温室＋稻田"的新型养殖龟鳖模式，可以实现当年放养、当年收获，养成龟鳖的质量安全与品质均能得到保障。放养的密度要根据田间工程建设的标准高低，养殖者经验、技术等情况而定。田间工程标准高，养殖者经验丰富的亩放养 500～600 只，条件一般的放养 200～300 只。

2. 放养时间

龟鳖要放养到露天水域中，一般要求水温稳定在 25 ℃以上。各地因地理位置不同，气候差异较大，水稻种植与鳖的放养季节差异较大。在长江流域鳖的主要养殖区和水稻种植区，双季稻田一般在 4 月中下旬至 5 月上中旬放养，单季稻田则在 5 月中旬开始放养。放养时，如果水稻还未插种或未返青，可以先将鳖种放入沟、坑中，待水稻插种返青后再放入大田中。如果插种的水稻已经返青，则可直接将鳖种放入稻田。稚鳖的放养要尽量放养早期稚鳖，一般在 7 月就要放养。

3. 投饲管理

虽然稻田中有龟鳖的天然饵料，如各类底栖动物、水生昆虫、螺蚬、野生小鱼虾及水草等，但这些天然饵料不足以满足放养龟鳖的生长发育需求，因此，必须投喂人工配合饲料。龟鳖的饲料有粉状料和膨化颗粒饲料两种，近几年来，膨化颗粒饲料的使用越来越普遍。当水温达到并稳定在 28 ℃及以上，不超过 35 ℃时，要加大投喂量。日投喂量占体重的 2%～3%，小规格龟鳖种的日投喂率为3%～4%，日投喂 2 次，上午、下午各 1 次。当水温下降时，逐步减少投喂量，投喂的场所设置在开挖的坑中的投饲台（框）内。当水温下降到 22 ℃以下时停止投喂（表 3 - 4）。

表 3 - 4　江浙一带水温变化与日投饲率的关系

项目	月份					
	5 月	6 月	7 月	8 月	9 月	10 月
水温（℃）	22～27	25～28	28～32	28～34	28～32	20～25
日投饲率（%）	1.0～2.0	2.0～2.5	3.0～4.0	2.5～3.5	2.0～3.0	0.5～1.0

4. 日常管理

日常管理要注意 4 个方面：一是要注意防逃。龟鳖会在稻田中沿着防逃围栏爬行，尤其是在刚放养后，或遇到天气闷热、下雨天等，防逃围栏破损、田埂有漏洞或倒塌会引发龟鳖的出逃，特别是稚龟鳖或小规格的龟鳖种。二是观察龟鳖的摄食、活动状况。稻田水浅，水环境较其他水域环境容易变化、不稳定，因此，要随时观察龟鳖的活动与摄食情况。此外，要定期抽样检查龟鳖的生长情况。三是要根据水稻种植的需要，尽量提高稻田的水位。尽管龟鳖是爬行动物，对水的要求不如鱼、虾等其他养殖品种，但如能保持适当的水位会有利于龟鳖的生长。四是做好日志。记录在种养过程中的一些重要事项，如放养、投喂、抽样检查以及病害发生与防治等情况。

四、龟鳖与水稻轮作技术

龟鳖与水稻轮作主要有两种方式：一是养殖龟鳖后在池塘里种植一茬水稻（彩图 25）；二是水稻田种植一茬或数茬水稻后，养殖一茬龟鳖。

（一）龟鳖池轮作水稻

1. 龟鳖池轮作水稻的好处

利用养殖龟鳖池进行水稻种植，是稻渔综合种养模式的一种创新，不仅能增加稻米的产量，而且也利于龟鳖的养殖，主要好处有：①龟鳖池十分适合于水稻的种植。经过多年的养殖后，龟鳖池塘底部土壤中存积大量的有机物质，土壤肥力好，不需要施肥；龟鳖池轮作水稻，水稻的病虫害少，可以不使用或少用农药。②有利于龟鳖的养殖。经过多年养殖后，龟鳖池塘底部存积的大量有机物质会滋生大量龟鳖的致病菌，造成龟鳖病害多发。轮作水稻后，底部的有机物质成为水稻的优质有机肥，可以被水稻吸收、利用；水稻搁田和收割时的干田均利于杀灭池塘底部土壤中的致病菌，改善土壤，有利于龟鳖病害的控制。

2. 轮作龟鳖池的要求

轮作的龟鳖池要符合一定的要求，主要包括以下三方面：①龟鳖池池底。轮作池塘的底部土壤为泥土，池底较平整，以抬高塘埂为主建成的龟鳖池为好。②龟鳖池面积。单个的龟鳖池面积不宜太小，一般为 5～10 亩，面积小不利于田间操作与管理。③龟鳖池深度。轮作池塘一般要求池塘不深，水较浅，在养殖龟鳖时水深在1米左右，在种植水稻时可以将水较快排干，特别是在多雨季节排水方便，不会发生洪涝灾害。

3. 水稻种植与管理

（1）轮作龟鳖池准备　当养殖的龟鳖起捕后，将龟鳖池中的水放干，经多年养殖的龟鳖池底部会有大量的淤泥沉积，在种植水稻之前将池塘底部曝晒3～5天，以改善池底土壤的透气性、加快有机物的分解。

（2）水稻的种植　轮作龟鳖池一般种植单季稻，要求为抗病虫能力强、叶片角度小、透光性好、抗倒、分蘖强、成穗率高、穗大、结实率高的优质迟熟高产品种，目前较为合适的有甬优538、嘉优5号、嘉禾218、浙中优系列等。

（3）插秧季节与方式　各地插秧季节因地理位置差异而有不同。在长江流域一般4月中下旬就可以播种。由于池塘土壤肥沃，插种密度要适当低些，以增加透气性。可采用大垄双行的插种模式，每亩种植0.6万～0.8万丛。

（4）水稻管理　龟鳖池在水稻种植期间，水稻是唯一的管理对象，因此，在整个水稻生长发育期间，根据水稻种植的管理技术规范进行，包括水位管理、搁田、水稻收割等。

4. 龟鳖的养殖

当水稻收割后，种植过水稻的龟鳖池又可以重新养殖龟鳖。其养殖技术同池塘生态养殖。

（二）水稻田轮养龟鳖

低洼田或土壤肥力较差的稻田可以进行水稻与龟鳖的轮作。水稻田在水稻收割后蓄水，进行龟鳖的专养，当龟鳖收捕后，再种植水稻。

1. 水稻种植

轮作稻田一般种植单季稻，水稻品种的要求与稻鳖共生模式中对水稻品种的要求一样，即应选择抗病虫能力强、叶片角度小、透光性好、抗倒、分蘖强、成穗率高、穗大、结实率高的优质迟熟高产品种，目前较为合适的有甬优538、嘉优5号、嘉禾218、浙中优系列等。长江流域稻区在4月中下旬可以播种，可以采用大垄双行的插种模式，每亩种植0.8万～1.0万丛，产量达500千克左右。稻田的施肥要看稻田的土壤肥度。对于已经养过鳖的稻田，往往稻田土壤肥力较好，可不施肥或少施肥；如稻田之前尚未养过鳖，则要适当施一些有机肥。在水稻播种后按水稻的种植技术要求进行管理。

2. 龟鳖的养殖

在水稻收割后，稻田经过适当整修即可放水养殖龟鳖。在轮作稻田中进行龟鳖的养殖，一般要求在养殖1～2年后起捕，最好是当年放养，当年收捕。因此，以放养大规格的龟鳖种为宜。要求当年起捕收获的，放养鳖种的规格需为0.4～0.5千克，放养密度为1.0～1.5只/米^2，经过一个生长周期后可以达到上市规格，起捕上市。与共生的稻田不同，在轮作稻田中龟鳖的轮养期间，饲养管理的对象是轮养的龟鳖，因此，应按照龟鳖的饲养与管理措施进行，具体要求为：①稻田的清整消毒。水稻收割后，清理、加固、加高田埂四周，检查修复防逃设施；首次轮养的稻田还要设置防逃设施、投饵台等。放养前，用生石灰消毒，用量为每亩150～200千克。②提高水位。龟鳖轮养期间不种植水稻，因此要尽量提高水位，为龟鳖提供较为稳定的水体。一般要求水位提高到40～50厘米。③合理投喂。轮养的稻田，龟鳖的放养密度较高，饲料投喂要根据专养龟鳖池的饲养管理要求，做到定时、定点、定质、定量的"四定"投喂原则。

第四节 健康苗种培育技术

一、龟鳖的孵化

龟鳖的孵化是指将受精的龟鳖蛋在一定的条件下进行孵化，孵化出稚龟鳖。孵化可在大棚水泥池中进行也可在专门的孵化室中进行。

1. 龟鳖蛋的挑选

将龟鳖产卵场的受精卵从产卵场取出或从其他养殖场采购，要根据受精情况和受精卵的规格进行挑选。受精卵的顶端（动物极）有一圆形的白点，即受精点。产出的龟鳖卵有未受精、弱受精和受精卵之分。龟鳖卵动物极无白点，颜色与周边的颜色无区分，为未受精卵；龟鳖卵动物极虽然有白点，但白点边际不明显清晰，为弱受精卵。这2种卵要剔除。正常的受精卵受精点明显、清晰，白点的大小随受精时间的不同而异，时间越长，白点就越大。质量好的龟鳖蛋白点明显，白点周边清晰，孵化率高（彩图26）。同时，要尽量选购规格大的龟鳖卵，这样孵化出的稚龟鳖个体大。

2. 孵化框、孵化床基质

常用的孵化框有木框和塑料框2种。孵化床用的基质一般有海绵、沙和蛭石等（彩图27）。海绵重量轻、透气性好，但水分较易挥发、不容易控制。用沙作孵化床基质，孵化的温度、湿度相对稳定，但孵化箱较重，不容易对孵化箱进行上下翻动操作，如发生蛋发霉或水分过大沙结块，透气性下降，会造成胚胎死亡。蛭石重量轻，保温、保水性能较好，目前使用较多。

3. 孵化要点

影响孵化率的因素很多，温度、湿度和透气性为主要因素。只要在孵化时注意控制好这三项，一般孵化率可在90%左右。

（1）温度 龟鳖是变温动物，环境温度的变化对其生长发育影响重大。在龟鳖蛋孵化期间，温度影响孵化时间和孵化率。室内孵化室的温度控制较为容易，用温控开关控制加热器如电灯、加热棒，夏季高温时可打开门窗通风（图3-4）。鳖蛋的孵化温度为22～37 ℃，最适孵化温度为28～33 ℃，孵化积温为3.1万～3.8万 ℃，孵化时间需要40～45天。

（2）湿度 湿度是指孵化场所的空气湿度及孵化床基质的湿度，直接影响孵化床的透气性。龟鳖孵化期间，对孵化床基质的湿

图 3-4　孵化室

度控制十分重要。孵化场所的空气湿度控制在 75%～85%；孵化床基质的湿度控制在 5%～8%，通常沙子的含水量以"手捏成团，手松散开"为宜（图 3-5）。

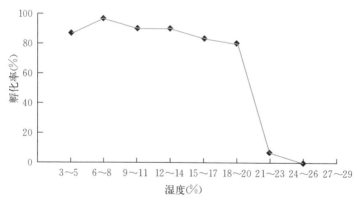

图 3-5　孵化率与孵化床基质的湿度的关系

（3）透气性　在孵化过程中，发育的胚胎需要呼吸空气中的氧气才能生存。孵化室为控制孵化温度往往会密封，如不及时通风换气，容易造成室内空气不新鲜，甚至受到污染。除需控制孵化床基质湿度外，还需要将孵化箱上下换层、经常松动孵化沙床表面、及时剔除已死或发霉的卵。

二、健康龟鳖苗种的培育

(一)培育设施

龟鳖苗种培育可以在新型温室内进行，也可在塑料保温大棚进行。温室面积不宜太大，600～1 000 米^2/座，也可几座温室连在一起。养殖池为平面分布，池呈长方形或正方形，面积不宜太大，每个以 15～30 米^2 为宜。池壁的高度约为 1.0 米（彩图 28）。

1. 透光

温室顶棚要用透光的塑料板或塑料薄膜。透光顶棚有利于龟鳖的晒背、增加龟鳖的体色光泽和龟鳖体的自然消毒。在培育池中还可以种植水草、浮萍等水生植物，利于养殖水质的控制与改善。龟鳖苗放养前可以较快地调节水温、光线等，使其尽快适应稻田环境。

2. 加热保温

当水温下降到 25 ℃以下时，要加热升温。温室加热要使用清洁能源，如生物质能、地热能、太阳能等，不能用煤、工业及建筑业的可燃废弃物，防止污染空气。温室的墙体要用隔热材料隔热保温，以减少能耗。

3. 尾水处理池

温室养殖必须要配套合理面积的尾水处理设施。尾水处理池的面积与深度要以能一次性收集所有排放的尾水为佳。一般情况下，龟鳖池水位 50～60 厘米，以单座温室 1 000 米^2 计，一次性排放尾水 500～600 米^3。

4. 进排水及供气系统

（1）进排水系统 温室进排水系统由进排水管道、进排水口、阀门等组成。池底倾斜，倾斜度约 1：150。进排水口分开设置。进水口设置在池的一端，与温室调水池相连接；排水口设置在池底较低的一端，与温室内排水沟用阀门相连接。

（2）供气系统　供气系统主要由充气泵、充气管道和曝气头组成。一台功率为 1.1 千瓦的鼓风机可以满足一座面积为 1 000 米² 的温室的曝气需要。龟鳖池内放曝气头，一个 20 米² 的龟鳖池需放曝气头 5～10 只。

（二）稚龟鳖的放养

刚孵化出的稚龟鳖经暂养后脐带收齐、卵黄囊吸收，个体无畸形，行动活泼，规格在 3 克以上。从其他养殖场采购的稚龟鳖，脐带收齐、卵黄囊吸收，体表无擦伤，个体无畸形，行动活泼，个体大小在 3～5 克（彩图 29）。放养密度要根据是否需要在养殖过程中分养、温室条件及养殖者的技术与经验等具体情况而定。一般可一次性放养稚龟鳖 25～30 只/米²。

（三）投喂

龟鳖饲料的投喂要按照一定的日投饲率和日投喂次数。一般情况下，个体在 50 克以内的日投饲率为 4%～5%，个体在 50～150 克的日投饲率为 3%～4%，150 克以上的日投饲率为 2%～3%（表 3 - 5）。一般日投喂两次，07:00—08:00、17:00—18:00 各投喂 1 次，具体时间还要受季节的影响。在夏秋季上午可适当提前，下午则适当推后，冬季则反之。

表 3 - 5　龟鳖个体规格与日投饲率

规格（克）	日投饲率（%）
<50	4～5
50～150	3～4
>150	2～3

（四）水质控制

保持水质的良好与稳定是养殖管理的关键。一是换水和注水补水。当龟鳖池的水开始变黑、有氨气味时，要适当进行换水或注入新水。换水或注入新水时要注意室外水温，当室外水温为 25 ℃时可大量换水或注入新水，水温 20～25 ℃可少量换水或补水，低于 20 ℃时不换水。注意室内外水温差，以不超过 3 ℃为宜。二是常用生石灰。生石灰具有杀菌消毒与水质改良的双重作用。在饲养期间，每隔 15～20 天用 20 毫克/升的生石灰全池泼洒。三是种植水生植物如水葫芦、水花生、浮萍等，通过水生植物吸收水中的营养物质。水生植物的种植面积控制在 1/3 左右。四是充分充气增氧。养殖池鳖数量多，排泄物也多，要充分曝气增加水中溶解氧，以加快有机物的分解。池中的溶解氧要保持在 5 毫克/升以上。养鳖池要配备水面增氧机和底部增氧机，每亩功率 1～1.5 千瓦并在投饲期间不间断充气。

(五) 越冬

保温大棚只保温、不加温，其目的是利用大棚保温延长生长期，因此一年中还有几个月的时间需要冬眠。由于龟鳖的密度较一般的池塘养殖相对较高，做好越冬管理、减少疾病发生尤为重要。一年中，龟鳖的生长季节是否结束进入冬眠取决于水温。当室内水温下降到 22 ℃以下时龟鳖的摄食活动明显下降，龟鳖摄食少，但是还会在池四周爬动，龟鳖抗病能力下降，容易发病死亡。因此此时要停止投喂，打开棚顶，使室内池水温度下降到与室外池水温度一致，龟鳖开始进入冬眠。

(六) 分养或出池

稚龟鳖经一年左右的养殖，龟的规格可以达到 50～100 克，鳖的规格可达 100～200 克，此时可以分养继续培育或直接起捕放入其他地方养殖。对于分养后继续培育至大规格的龟鳖种，分养时要注意：一是分养季节。分养宜在大棚开始重新覆盖、龟鳖开始苏醒时进行，具体分养季节各地有所不同，长江流域一般在 3 月下旬至 4 月初进行。二是分规格放养。经一年左右的养殖，个体的规格已有明显差异，可利用分养机会进行大小分养。

第五节 龟鳖的营养需求与投饲技术

一、龟鳖的营养需求

为维持正常生命活动和满足机体生长、发育的需要，与其他养殖动物一样，龟鳖需要从外界摄食，获得蛋白质、脂肪、碳水化合物、维生素和矿物质等营养物质。

(一) 蛋白质

龟鳖和鱼类虽都属变温动物，但龟鳖在营养、生理方面有其种属的特异性，龟鳖基础代谢的定量值较高，其蛋白酶活性明显高于肉食性鱼类，故对蛋白质的要求也较高。中华鳖对蛋白质的需求量为43%～50%，不同种类的龟对蛋白质的需求也略有差异。大多龟鳖喜食以动物性蛋白质为主的饵料，鱼粉中的氨基酸组成较为合理，易于消化吸收，因此，通常将鱼粉作为饵料中的主要蛋白源，搭配一定量的植物蛋白，动植物蛋白比一般为（5～6）：1。

(二) 脂肪

脂肪也是龟鳖体的重要组成成分，其功能主要是提供能量、必需脂肪酸和利于脂溶性维生素的吸收利用。饵料中的脂肪经龟鳖消化吸收后，一部分作为能量，另一部分则作为积累提供生长所需的物质。龟鳖体内的脂肪积累对越冬尤为重要。因此在人工配合饵料中大多添加含必需脂肪酸多的脂肪如鱼油、植物油等，添加量控制在10%以下，产卵亲龟鳖添加量控制在6%以下；动物油类添加量则不超过 3%。

(三)碳水化合物（糖类）

碳水化合物可分为纤维素和无氮浸出物，是来源最广、在植物性饵料原料中占有的比例最大、最廉价、最易得到的能源。龟鳖饵料中的碳水化合物主要由 α-淀粉、豆粕等组成。目前大多添加 α-淀粉，添加量为 22%～25%。

(四)维生素

维生素是调节和维持生命活动所必需的生理活性物质，参与体内一系列生化反应和新陈代谢。龟鳖机体自身不能合成维生素或虽能合成但不能满足需要，因此主要由饵料长期供给。目前，龟鳖饵料中维生素的添加量往往是参考鳗、虾饵料中维生素的添加量，并结合养殖的实际情况而确定的。表 3-6 列出了中华鳖饵料中维生素的添加量。

表 3-6　中华鳖配合饵料中维生素的添加量（每千克饵料添加量）

维生素	添加量	维生素	添加量
维生素 A	6 500～8 000 国际单位	维生素 B_{12}	0.2～0.5 毫克
维生素 D_3	2 000～2 500 国际单位	维生素 C	450～800 毫克
维生素 E	250～300 毫克	泛酸钙	40～70 毫克
维生素 K_3	10～25 毫克	烟酸	25～40 毫克
维生素 B_1	20～30 毫克	肌醇	120～200 毫克
维生素 B_2	50～70 毫克	氯化胆碱	500～1 000 毫克
维生素 B_6	20～30 毫克		

(五)矿物质（无机盐类）

矿物质是饵料燃烧时成为灰分的残存成分，也是龟鳖体的重要组成成分，在体液中以离子形式存在。龟鳖体内约含 20 种无机元素，包括常量无机盐类如钙、磷、镁、钠、氯等和微量无机盐类如铁、铜、锰、锌等。由于这些矿物元素不能相互转化或代替，因而当龟鳖体内某一种或几种矿物质不足或缺乏时，即使其他营养物质充足，也会影响龟鳖的健康和正常生长、繁殖，严重时导致疾病或死亡。龟鳖饵料中矿物质的建议添加量如表3-7所示。

表3-7 饵料中矿物质的建议添加量（每千克饵料添加量）

矿物质名称	建议添加量（毫克）	矿物质名称	建议添加量（毫克）
Fe	25	Cu	5
Zn	80	Co	0.05
Mn	25	Se	0.03
Mg	1 000	I	0.08

二、饲料种类

(一) 天然饵料

龟鳖在自然水域中主要摄食鲜活饵料。在人工养殖特别是在一些规模较小的池塘养殖和稻田养殖过程中，也常常用鲜活饵料。这些鲜活饵料主要有：①小杂鱼。有淡水小杂鱼（如餐条鱼、麦穗鱼）和海水鱼（如鲜活的青占鱼、小带鱼等），这些小杂鱼数量较大，价格较低，只要鲜度好即可作为龟鳖的饵料。②贝类。主要指淡水贝类，如螺蛳、河蚌等。③其他鲜活饵料。有屠宰场下脚料，如禽畜类的肝脏、血等，以及瓜果、蔬菜。另外，还有一些人工培育的鲜活饵料，如太平2号蚯蚓、蝇蛆、黄粉虫等。这些鲜活饵料有良好的饲养效果，在亲龟鳖池中用这些饵料可以提高亲龟鳖的产蛋率；在养成商品龟鳖池中用这些饵料可提高商品龟鳖的质量，但由于这些饵料要求鲜活程度高，且来源不稳定，一般只作为辅助性饵料。

(二) 专用配合饵料

优质的饲料可以促进龟鳖的生长，节省养殖成本。20世纪90

年代之前，中国暂未有生产中华鳖专用饲料的企业，养殖户多以鲜活饵料为主进行投喂。但随着龟鳖人工养殖发展速度的加快，天然饵料因存在来源有限、容易腐败变质难以保存、易引发病害等缺陷，龟鳖的营养需求得到重视和研究。养殖场可自行采购原料进行人工配制或直接购买商业化的配合饲料。

1. 粉状饲料

（1）粉状饲料营养要求　粉状饲料是传统的龟鳖养殖饲料，于20世纪80年代末随着养鳖业的兴起而发展起来并沿用至今，主要营养成分根据龟鳖的不同生长发育阶段而有所不同。龟鳖稚幼阶段对饲料的营养需求较高，粗蛋白42.0%～46.0%、脂肪5.0%～8.0%、粗纤维≤2.0%、粗灰分≤17.0%、钙2.0%～3.0%、磷1.2%～2.0%；成体阶段特别是在池塘、稻田养殖的鳖，饲料营养成分可以明显降低，一般为粗蛋白40.0%～43.0%、脂肪5.0%～8.0%、粗纤维≤3.0%、粗灰分≤18.0%、钙2.5%～3.0%、磷1.0%～2.0%。表3-8列出的指标是对中华鳖粉状配合饲料的基本要求。

表3-8　国家标准《中华鳖配合饲料》中对粉状配合饲料的基本要求

生长阶段	营养成分							粉碎粒度（%）
	粗蛋白（%）	粗脂肪（%）	粗纤维（%）	粗灰分（%）	钙（%）	磷（%）	水分（%）	
稚鳖	≥42.0	≥4.0	≤3.0	≤17.0	2.0～5.0	1.0～3.0	≤10.0	≤4.0
幼鳖	≥40.0	≥4.0	≤3.0	≤17.0	2.0～5.0	1.0～3.0	≤10.0	≤6.0
成鳖	≥38.0	≥5.0	≤5.0	≤18.0	2.0～5.0	1.0～3.0	≤10.0	≤8.0

（2）粉状饲料的基础配方　主要配料为白鱼粉、进口红鱼粉、优质国产鱼粉、α-淀粉、优质发酵豆粕、酵母以及适量的维生素、微量元素添加剂等。其中鱼粉的含量较高。比较典型的基础配方一般为白鱼粉和红鱼粉50%～60%、α-淀粉22%～25%、优质发酵豆粕10%～15%、酵母3%～5%。

（3）粉状饲料加工　工艺比较简单，关键是搅拌混合和超微粉

碎。要求稚幼鳖饲料的粉碎细度为 95%、通过 80～120 目的标准
筛，成鳖饲料通过 80 目标准筛。粉状饲料具有良好的适口性，一
直以来为鳖饲料的主要饲料形态，但也存在水中稳定性不足、饲料
容易散失、养殖水质不易控制等问题，因此粉状饲料主要靠 α-淀
粉提供黏性，提高在水中的稳定性。近几年来，随着膨化颗粒饲料
的推广应用，越来越多的养鳖者用膨化颗粒饲料替代粉状饲料投
喂，取得了好的养殖效果。

2. 膨化颗粒饲料

膨化颗粒饲料依据颗粒大小可分 1 号、2 号、3 号、4 号、5 号
及 6 号料等（图 3-6），其主要营养成分也有差异，以适应不同规
格的养殖对象。饲养稚鳖、幼鳖用 2 号料、3 号料，粗蛋白含量在
46%～48%，白鱼粉的占比较大；饲养成鳖用 4 号料、5 号料，粗
蛋白含量约 45%，进口或优质国产饲料中鱼粉含量较高。温室养
殖的饲料系数为 1.1～1.2，池塘养殖为 1.2～1.5。

图 3-6　膨化饲料

三、投喂方法

饲料的投喂应坚持定质、定量、定时、定位的"四定"原则。

这样可以提高饲料的利用率，减少病害的发生，从而提高龟鳖养殖业的经济效益。

（一）定质

不同的品种、规格、养殖时段、地区有不同的营养需求。水龟偏荤，陆龟偏素。饲料最好采用专用饲料，要求优质新鲜、营养全面、适口性好，且精细软嫩，易于消化吸收。不可投喂变质过期的饲料。

（二）定量

准确把握龟鳖各个生长阶段、不同季节和不同天气的摄食量差异，酌情增减饲料的投喂量。一般夏季和初秋气温高时摄食量大，投喂量也需加大。幼鳖的投喂量为体重的 3％～5％，而成鳖则为 1％～3％。若投喂新鲜动物性饵料，则为体重的 8％～15％，以投喂后 2 小时摄食完为止。

（三）定时

不同品种要根据龟鳖的原产地、秋冬的活跃程度、春天的产蛋迟早推测不同品种的适温，相应调整喂食。例如乌龟比南石早产蛋，这是由于相比南石，乌龟的内脏可以在相对低的温度下开始运转，在春天可以更早开食。根据龟鳖的摄食情况，确定每天的投喂次数。一般水温在 25℃以上时，每天投喂 2 次，分别为 08：00 和 17：00。每年夏天，产蛋结束 15 天以后，是乌龟吃各类蔬菜、瓜果的好时机。

（四）定位

定位投喂饲料，目的是让龟鳖养成习惯，方便其找到食物，同时便于观察龟鳖的活动状态。一般沿着水池岸边分段定位设置固定的投料点，投料点的食台要紧贴水面，便于龟鳖咽水咬食。

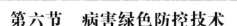

第六节　病害绿色防控技术

一、龟鳖疾病发生的主要原因

随着工厂化龟鳖产业的迅猛发展，龟鳖病害一直十分严重，各种病毒病、细菌病等影响了产业的发展，并且一直是目前为止龟鳖养殖所面临的最困难的问题，也是尚未解决的难题。龟鳖病害频发的原因归纳起来主要有以下几个方面：一是我国目前尚未建立检疫制度，养殖户随处购买亲本龟鳖、幼龟鳖、稚龟鳖和龟鳖蛋，这些龟鳖的来源复杂，有野生的、温室的、外塘的与海外引进的，且由于未经检疫，导致疫病传染严重；二是在捕捞、运输、放养等环节操作不规范，导致龟鳖易受损伤，加之未进行消毒处理，容易造成病原感染；三是养殖户过分追求单位面积效益，养殖密度过大，养殖环境恶劣，易引发疾病；四是日常养殖过程中管理不规范，对于明确饲料来源、水质监测、常规消毒等环节执行不到位，无生物安保意识。为有效地进行龟鳖病害防治，我国学者对龟鳖传染性疾病的病原学开展了积极的探索和研究，已经取得了一些显著的成果。然而，龟鳖生物学相关的基础研究工作相对滞后，加上养殖环境因素的复杂性，以及病原的多样性，导致很多病因只能归结于条件性致病，无法对龟鳖发病的致病机制进行判定，进而也无法采取有效的措施来进行防治。因此，对于龟鳖病害的系统性总结与分析，将有助于研究人员进一步展开研究，也能够为养殖人员提供更多的参考。

二、龟鳖疾病的诊断

在日常饲养过程中，通过细心观察，能够在龟鳖患病早期发现症状，可以在疾病的预防与诊断中起到事半功倍的效果。因此，在熟悉龟鳖生活习性的基础上，对患病龟鳖的特征与症状充分地了解是十分重要的。

龟鳖是否患病可以从龟鳖的外表体征（皮肤是否溃烂、眼睛是否正常、是否流鼻涕等）、活力（是否爬动、水中姿势等）、摄食情况（是否有食欲）和排泄物（是否正常）等四个方面进行初步诊断。对于初次养殖人员，在经验不足而龟鳖体表又没有明显病症的情况下，可以通过观察龟鳖是否有以下行为特征初步判断龟鳖是否患病：一是龟鳖反应迟钝，遇到声响不能够迅速做出反应，通常躲避在角落里；二是龟鳖嗜睡，无活动欲望，被动刺激后才有少许反应；三是摄食没有主动性，食物不在附近都不会主动过去，即便在嘴边，食量也很少；四是一直漂浮在水面上，经常伸出脖子。此外，根据国内外学者对于龟鳖病害的研究，常见疾病介绍如下（周婷等，2007）。

（一）龟类常见疾病

1. 寄生虫病

（1）乳头状肿瘤

【病症】瘤体的外表为大小不一的菜花状，突出于皮肤表面。开始时瘤体光滑、圆形，之后表面逐渐变粗糙，坚硬如角质状。多出现在四肢和颈部。

【病因】乳头状肿瘤是由被覆上皮的真皮衍化出的纤维结缔组织所形成的良性瘤。通常与体表蚂蟥或皮肤血管中的旋睾吸虫卵有关。

（2）其他寄生虫病

【病症】初期一般无明显症状，后期会逐渐出现身体消瘦、食欲差、摄食量少的现象。

【病因】龟进食时将各种寄生虫的卵或虫带入体内，寄生于龟的肠、胃、肺、肝等部位，造成内脏功能衰竭，进而导致死亡。体内寄生虫的种类常见的有盾腹吸虫、血簇虫、锥体虫、吊钟虫、隐孢球虫、线虫和棘头虫等。

2. 细菌性病

（1）腐皮溃疡病

【病症】龟全身各软组织部位均可发生，肉眼可见病龟的患部溃烂，表皮发白，清理腐烂后，皮肤完好，但后继又出现白色溃烂。

【病因】由嗜水气单胞菌、假单胞杆菌等多种细菌感染引起。当龟的皮肤受伤时，此病菌乘虚而入，引起受伤部位皮肤组织坏死。

（2）疖疮病

【病症】龟颈、四肢有数个黄豆大小的白色疖疮，用手挤压四周有黄色、白色的豆渣状内容物。病龟初期尚能吃食，食量逐渐减少，严重者停食，反应迟钝。一般2～3周可导致病龟死亡。

【病因】大多在水栖龟和半水栖龟龟体发病。病原为嗜水气单胞菌点状亚种。常存在于水中，龟的皮肤、肠道等处。水环境良好时，龟为带菌者，一旦环境污染或者体表受伤，病菌大量繁殖引起龟患病。

（3）败血症

【病症】病龟没有食欲，进食少，呕吐，排黄色或褐色脓状粪便。行动迟缓，喜趴在岸边。解剖可发现肝、脾肿大，表面有出血点，胃壁肿、黏膜溃疡化脓。

【病因】龟感染绿脓假单胞菌引起。绿脓假单胞菌广泛存在于土壤、污水中。主要经消化道、伤口感染。饵料、水源中也有该细菌的存在。各种类型的龟类均有患病现象，具有传染性，传染速度较快。幼龟体质弱易高发。季节更替易发，冬季较少。

（4）白眼病

【病症】病龟的眼部充血发炎，眼睛肿大，眼角膜和鼻黏膜因眼部的炎症而糜烂，眼球外部被白色分泌物掩盖，眼睛无法睁开。病龟经常用前肢擦眼部，行动迟缓，严重停食，最后因体弱并发其他病症而导致死亡。这种病经常在春秋两季发病。

【病因】白眼病又称肿眼病、结膜炎，在红耳彩龟、黄喉拟水龟、黄缘闭壳龟、眼斑水龟等龟中发病率较高，从幼体到成体均有患病现象。因放养密度增加、水体碱性过大、营养不良等原因感染革兰氏阴性绿脓杆菌而引起。

（5）腮腺炎

【病症】腮腺炎又称肿颈病，患病的龟行动迟缓，常在水中、陆地上高抬头颈，颈部异常肿大，后肢窝鼓起，皮下充气，四肢浮肿，严重者口鼻流血。

【病因】病原体是点状气单胞菌亚种。主要是因水质污染引起。

3. 病毒病

（1）纤维瘤

【病症】瘤体为结状的突起，瘤体呈圆形或椭圆形，大小不等。当瘤体位于体表时病龟不会出现功能障碍。但不及时治疗的话，有些瘤体恶性质变后变为纤维肉瘤，且易转移到内部器官，造成功能障碍。

【病因】纤维瘤是由一种由纤维结缔组织产生的局部性良性肿瘤，是由病毒引起的。

（2）疱疹病毒病

【病症】感染早期龟表现为闭眼嗜睡、食欲下降，口鼻逐渐出现白色鼻涕状黏液，口腔黏膜出现溃疡，后期眼睛分泌白色黏液，体质下降，几天内即衰竭死亡。传染性极强，同池龟会迅速感染发病。解剖可发现心包充血，胃内充满白色絮状物。

【病因】由疱疹病毒感染引起。

4. 其他类

（1）营养缺乏性骨骼软化症

【病症】病龟在运动时较困难，四肢关节粗大，背甲、腹甲较软，指、趾脱落，龟壳畸形。

【病因】在人工饲养环境下由于长期投喂单一饲料、投喂熟食，食物中缺乏各种微量元素尤其是维生素 D_3，造成龟体内缺少维生素 D，且钙磷比例倒置或缺钙，导致龟的骨质软化。长期室内饲养缺乏自然阳光照射也会引起此病。多见于生长迅速的稚龟、幼龟。

（2）溺水（肺呛水）

【病症】龟的颈部浮肿粗大，漂浮水面，四肢无力。解剖可发现龟肺部充水。

【病因】龟被放在深水之中，无法将头伸出水面进行呼吸，进而导致呛水。

（3）口腔炎

【病症】病龟口腔溃烂，表皮有白色坏死的炎症，严重者有脓性分泌物。舌苔溃疡，拒食，缩头少动。

【病因】龟误食尖锐异物，导致口腔表皮损伤或形成溃烂，从而引发口腔炎。另外，龟体内缺乏维生素C也易患此病。

（4）越冬死亡症（冬眠死亡症）

【病症】冬眠后，龟的四肢瘦弱无力、肌肉干瘪，头缩入壳内，眼凹。用手拿龟，感觉龟较轻。水栖类龟经常漂浮在水面。

【病因】在冬眠前，龟的体质相对较弱，加之冬眠期的气温、水温变低，龟难以忍受长期的低温而死。也有部分龟因在秋季冬眠前没能及时补充营养，体内储存的营养物质不能满足冬眠期的需要导致死亡。

（5）感冒

【病症】鼻孔有黏液流出，食欲不振或停止进食。

【病因】龟突然受到寒冷刺激或突然移到低温环境中引起。

（6）阴茎脱出

【病症】阴茎外露，无法正常缩回，导致充血或血肿，乃至表面组织坏死。

【病因】龟体内雄性激素异常、过高，水栖龟发病较高。

（二）鳖类常见疾病

1. 寄生虫病

常见的有鳖钟形虫病（又称鳖累枝虫病、鳖聚缩虫病）。

【病症】体表在早期无明显症状，严重时鳖在水中可见皮肤表面有很多绒毛物，有滑腻感。最后在鳖背、颈、四肢、尾巴等处长出棉絮状的白毛（染泥沙呈灰褐色），可导致体表溃烂，鳖食欲不振、行动迟缓、无活力、体质逐渐消瘦直至身体溃烂而死。

【病因】由钟形虫、累枝虫和鳖聚缩虫感染所致。

2. 细菌性病

（1）鳖红脖子病

【病症】鳖颈部充血红肿、食欲减退、反应迟钝、腹甲充血或溃疡，严重时眼睛白浊、口鼻出血。解剖可见肝和脾肿大、消化道黏膜弥散性出血，肺出血、心脏发白，呈贫血状。

【病因】水质不佳、有机质含量高易引发该病。主要由嗜水气单胞菌引起，有人认为鳖虹彩病毒也是该病病原。对成鳖危害严重，外塘流行季节为4—8月，温室养殖常年可发生。发病率高，死亡率20%～30%，严重时可高达80%。

（2）鳖疖疮病

【病症】又称穿孔病、白点病、烂甲病和洞穴病等。初期表现易受惊，逐渐表现为行动迟缓，食欲减退或不食，常静卧，严重时头不能缩回，最后体质消瘦，衰竭而死。早期体表出现芝麻或黄豆大小的白色突起，后逐渐扩大成大小不等的疖疮。随着病情加重，会导致表皮破裂，形成明显的溃疡，可挤出恶臭形如豆腐渣的内容物，严重时穿孔。解剖可见肺部充血、肝和脾肿大、肾淤血。该病对稚、幼鳖危害最大，易死亡。

【病因】由嗜水气单胞菌、温和气单胞菌、普通变形杆菌和产碱杆菌等感染引起的一种常见疾病，对各生长阶段的鳖均可感染，对稚、幼鳖危害尤其严重。流行季节在5—9月，在密度过高、水质不佳且较好晒背条件的情况下易高发。

（3）白底板病

【病症】死亡率很高，发病早期无明显症状，严重时患病中华鳖的底板苍白、有浮肿现象、背甲青灰色、呼吸困难、体表完整无损伤。解剖呈贫血状，可见肝肿大呈土黄色、肾和肌肉发白无血色、肠道内有少量积血。

【病因】由病毒和嗜水气单胞菌、迟缓爱德华氏菌感染所致。病毒性感染在急性阶段因失血而出现白底板；而由细菌引起的白底板病具有潜伏期长、病程长的特点，遇到环境因子影响，会出现暴发性死亡。

（4）红底板病

【病症】将死或刚死的鳖体、颈部、四肢均肿大，有气胀感；腹部有红斑和血点，呈均匀分布状；部分严重者口鼻出血。解剖观察可见胃肠鼓气、腹腔有积水；肝和脾略有肿大，有的呈花斑状，咽喉上皮处有颗粒状的溃烂性分泌物。

【病因】目前认为一般由病毒和细菌混合感染所致，嗜水气单胞菌、格氏乳球菌等能够从红底板病鳖中分离到，具有回感致病性。

（5）细菌性腮腺炎

【病症】脖子肿大，四肢略有不同程度的浮肿，腮部充血溃烂严重。解剖后可发现肠道充血严重，腹腔内常有一定积水。

【病因】从患病中华鳖的肝、脾、肾、血中分离得到的单一优势菌株与蜡样芽孢杆菌、苏云金芽孢杆菌有着较高的同源性，具有强致死性。

3. 病毒病

（1）中华鳖球状病毒病

【病症】摄食减少，反应和行动变缓，患病早期龟颈、背、腹有小血点，后增多。接着出现出血性溃疡、嘴巴烂、口鼻出血、脖子肿大等症状。解剖可见肝和脾出血、肿大，肠道充血。

【病因】由中华鳖病毒（TSV）感染所致。

（2）中华鳖出血症

【病症】鳖脖子肿大、鳃状组织溃烂，严重时口鼻出血。解剖表明病毒引起中华鳖肝、脾、肾、肺、肠等器官不同程度充血：肝肿大、易碎，花斑、淤血严重；肠出血特征明显。

【病因】中华鳖出血症病毒是引起中华鳖出血症的高致死性病毒。

三、龟鳖疾病的预防

无论何种龟鳖都是生活在水环境中，一旦发病在早期很难快速诊断。同时，治疗起来也比畜禽等其他陆生养殖动物困难得多，常规采用的一系列治疗方法，如隔离、拌料口服、灌服、注射、输液等方式，对于水生动物而言都无法行之有效：通常对于龟鳖类不能进行输液治疗；拌饵投喂对于食欲废绝的龟鳖已无能为力，对于尚能摄食的发病龟鳖，时常无法控制有效药量；加上龟鳖生物习性的特殊性，灌喂方式较难操作。因此，养殖龟鳖一旦发病，往往会造成极为严重的损失。为此，在日常养殖中必须坚持"防重于治"，做到"早发现、早诊断、早处置"，切断传播途径，防止疫病进一步扩散和蔓延，从根本上解决病害的流行，确保龟鳖产业的健康发展，降低和避免养殖户的经济损失。

龟鳖疾病的发生原因比较复杂，归纳起来包括以下几个方面：①种质质量不佳，抗病免疫能力低下，易受环境条件影响；②饲养管理不仔细，易造成龟鳖损伤；③饲料的营养不够全面，饲料中缺乏龟鳖生长所需的各种微量元素，导致龟鳖营养不良；④残饵、粪便等引起的水质恶化导致养殖环境差，为病原体提供了繁殖平台；⑤大量条件致病体的扩繁与侵袭龟鳖机体。由此可见，龟鳖疾病是由寄主、饲料、环境、病原相互作用引起的，所有环节之间是相互关联、相互影响的，阻断任一环节，都有利于龟鳖疾病的防治。因此，在龟鳖病害防治中，有针对性地采取有效途径是做好防治工作的关键。

1. 加强龟鳖抗病选育

优良的种质是龟鳖健康养殖的关键，苗种质量的好坏直接关系到龟鳖养殖生产的成功与否，同时也关系到龟鳖产品的质量高低。因此，一方面可以通过引进抗病力强的龟鳖苗种，有针对性地达到防止某些重大疾病的目的；另一方面可以加强良种建设，重视种质保护和种质改良，自行定向培育优良苗种。随着分子生物学技术的快速发展，培育品质优良的新品种成为可能，将有助于龟鳖产业的持续健康发展。

2. 加强日常管理

预防工作是重中之重，因此加强日常管理规范将极大降低病害发生的概率。具体工作包括：①定期进行池塘清污和消毒，不要让塘底沉积大量污泥和有害藻类；②保持适宜的池塘水深，定期调节水质水色，避免水质变坏；③控制苗种放养密度，不同养殖阶段进行适宜的调节；④优选高质量的饵料，定期检查，确保饵料质量；⑤改善养殖水环境，定期调节；⑥防止病原传播，无论患何种疾病，发病龟鳖均需要隔离饲养。

3. 加强病原检疫和监测

传染病具有潜伏期及发作期，潜伏期不会出现病症，因此，引进种苗时必须加强检疫。检疫是预防、控制或消灭病害的一项重要对策，既是产品质量的保证，也是食品健康的认可。因此，苗种购入后尽可能小批隔离饲养，如果有条件，在购入新龟鳖后进行病毒携带测试，当隔离期过后再进行一次病毒携带测试。同时，保证适宜的温度与水质，投喂营养丰富的食物，尽量加强龟的免疫力。隔离饲养需要半年时间，只有健康完好的龟鳖才能与养熟的龟鳖合池。

4. 加强养殖环境修复

水环境是龟鳖赖以生存的场所，也是病原微生物滋生的场所。环境的优劣直接关系到龟鳖是否能够健康生长。因此，必须根据龟鳖的生长习性，合理布局养殖区，不能盲目提高放养密度和投饵量、滥用药物，以防破坏水体的生态平衡，影响水体的自我调节功能。应根据养殖环境变化，适当地进行人为干预，改善养殖生态环境，确保龟鳖与养殖环境的和谐。

5. 加强免疫预防

免疫预防是当前动物饲养过程中广泛采用的一种方式，在龟鳖饲养中适当地采用免疫预防，可以大大降低病害发生的概率。目前，免疫预防采用的方式主要有三种：①添加免疫增强剂，通过在饲料或水体中添加一定量的具有提高免疫力和抗病力的免疫增强剂来有效地提高龟鳖的成活率；②使用疫苗，主要是针对具有重大危害性的传染性疾病，在确定病原后研制特异性疫苗，通过口服、注射、浸泡等方式进行免疫保护，能够有效地降低病原侵染的危害；③使用微生态制剂，主要包括光合细菌、芽孢杆菌、噬弧菌等有益菌剂，可以有针对性地调节水体环境，提高龟鳖的免疫力，抑制有害菌群的生长，降低条件性致病菌的危害。

四、几种龟鳖常见疾病的防治

(一)龟类病害

1. 白眼病

【预防】越冬前和越冬后，经常喂食动物肝脏，加强营养，增强抗病能力；养殖缸用10%的食盐水浸泡30分钟，用清水冲洗后再养龟。

【治疗】用漂白粉1.5～2.0克/米^{3}全池遍洒，链霉素（或卡那霉素）腹腔注射，每千克龟体重腹腔注射20万单位，注射后暂时隔离，观察5～6天，若病情没有明显好转，用同样剂量进行第二次注射；利凡诺1‰水溶液涂抹，每次涂抹病眼40～60秒，每天1次，连续3～8天。

2. 腮腺炎

【预防】疾病高发季节，用漂白粉（2克/米^3）或强氯精（0.8克/米^3）全池泼洒，每半月1次。

【治疗】肌肉注射氟苯尼考注射液，具体用量参照说明书，连续3天；外用10%聚维酮碘溶液浸泡，每天1次，连用3天。

3. 营养缺乏性骨骼软化症

【预防】在日常饲养管理中，应保证日光的照射。在日常投喂的食物中，应定期添加适量的钙粉、虾壳粉、贝壳粉、鱼肝油、维生素D及复合维生素。对雏龟和幼龟应定期投喂一些带壳活虾。另外，注意动物性饵料和植物性饵料搭配，适当投喂一些绿色菜叶。

【治疗】患病较严重的龟可肌肉注射 10%葡萄糖酸钙，每千克龟体重用量 1 毫升。

4. 溺水

【预防】日常饲养水池中水位切忌过深，一般应不超过龟背甲的高度；若水位过深，池内必须设置陆地或高出水面的石块，供龟爬登，使它有喘息和晒太阳的机会。

【治疗】发现早的病龟，可将龟头朝下，使其吐出肺中水，并用手指有规律的挤压龟的四肢和腋窝，水排的差不多的时候将病龟放在干燥通风处，可慢慢恢复。

5. 越冬死亡症

【预防】在秋季加大投喂量，以动物性饵料为主，并在饵料中拌入大蒜素和复合维生素，每周 1 次，定期喂服。

【治疗】将龟移入温度较高的环境，温度最好在 30 ℃左右，提前使在冬眠的龟苏醒，8 小时后投喂新鲜饵料，使其迅速恢复体力。

（二）鳖类病害

1. 鳖腮腺炎

【预防】用漂白粉（4 克/米³）或 8%二氧化氯（0.5 克/米³）全池泼洒，每 2～3 天 1 次，连用 1～2 次；或用地榆炭（60 克/千克）、焦山楂（30 克/千克）、乌梅（3 粒/千克）、黄连（6 克/千克）、板蓝根（50 克/千克），煎汁后拌喂，每天 2～3 次，连用 10 天。

【治疗】10%聚维酮碘溶液，每立方米水体 1 毫升，全池泼洒，配合板蓝根每千克鳖体重 15 毫克，每天 1 次，连用 10 天。

2. 鳖疖疮病

【预防】疾病流行季节用 10%聚维酮碘全池泼洒，每立方米水体 1 毫升，连用 2～3 天；同时拌喂三黄散（每千克鳖体重 1 克）和多维粉，连用 5 天。每千克鳖体重 20～30 毫克，拌饵投喂，每天 2～3 次，每月使用3～5 天。

【治疗】拌饵投喂盐酸多西霉素和恩诺沙星，每千克鳖体重10～20毫克，每天 2～3 次，连用 5 天；外用戊二醛苯扎溴铵溶液，每天 1 次，间隔 2 天后再用 1 次。

3. 鳖红脖子病

【预防】日常可在饲料中添加黄芪多糖（100 毫克/千克）或大蒜素（80 毫克/千克）投喂，每天 2 次，连续 10～15 天；疾病高发季节用漂白粉（2 克/米³）或强氯精（0.8 克/米³），全池泼洒，半月 1 次。

【治疗】氟苯尼考（2 克/千克）或复方磺胺嘧啶（200 毫克/千克）和多维粉（10 毫克/千克），混匀后拌饵投喂，每天 1 次，连用 3 天。

第七节 养殖尾水处理技术

一、龟鳖养殖尾水的特点及利用

随着龟鳖养殖产业的发展与壮大，养殖排放废水对环境的威胁也日益严重。一方面是由于龟鳖养殖过程中产生的残饵、粪便和排泄物中所含的营养物质对水质污染较为严重；另一方面则是由于龟鳖代谢物所产生的大量氨氮和有机污染物已成为遏制其他淡水养殖业发展的污染源之一。

据研究，代表性龟鳖养殖品种中华鳖、巴西龟、鳄龟在养殖生长过程中产生的污染负荷如下：化学需氧量（COD）依次约为153 克/只、409 克/只、716 克/只；总磷依次约为 16.4 克/只、43.6 克/只、70.5 克/只；总氮依次约为 24.1 克/只、71.7 克/只、164.5 克/只；硝态氮依次约为 0.8 克/只、8.0 克/只、5.0 克/只。从中可以发现，在不同品种的龟鳖养殖过程中，排放的尾水中各组分的含量有着显著差异，但是总体依旧高磷、高氮，富含有机物，严重富营养化。

针对龟鳖尾水的这一特点，如何合理利用是关键，如何化害为利是重点。利用异位生态修复技术对尾水进行处理是一个双赢过程，通过选择合适的具有经济价值的植被用于治理工艺流程中，一方面实现了水质的净化，改善了尾水高磷、高氮、高有机物的现状，达到了美化环境的需要（孙建兵，2011）；另一方面丰富的营养物质促进了植物的生长，再次转化成了经济效益。

因此，提升水产养殖尾水的处理工艺技术，筛选更多经济效益高的模式生物，是实现水产绿色生态养殖的保障。

二、养殖尾水处理工艺

目前大部分的龟鳖幼体养殖仍然依靠温室养殖的方式，且温室养殖产生的废水普遍采用直接排放的形式排出，如果不积极进行治理，极易导致周围水环境的污染，破坏水域生态平衡。自 2017 年以来，湖州市德清县率先探索开展以规模场自治和连片养殖集中治理相结合的养殖尾水全域治理，根据不同养殖品种，按养殖面积 6%～10% 的比例设置尾水处理区，通过养殖区"新品种、新技术、新模式、新渔机"的原位处理和治理区"沉淀池、过滤坝、曝气池、生物净化池、洁水池"等异位处理，配套养殖场绿化和景观，实现养殖尾水的生态化处理，达到循环利用或达标排放（吴湘等，2012）。目前全县建成治理场点 1 783 个，完成治理面积 19.2 万亩，实现了县域全覆盖。该技术模式 2018 年在浙江普遍推广，建立省级治理示范点近 400 个。通过推广该模式，将 1.0 版的传统鱼塘、2.0 版的标准鱼塘转型升级成 3.0 版的绿色生态鱼塘，对破解渔业发展瓶颈、解决渔业提质增效与水环境保护之间的矛盾，开启渔业绿色高质量发展新篇章具有重要作用，对助力乡村振兴战略实施具有积极意义。养殖尾水具体处理工艺要求如下。

1. 养殖尾水处理面积

尾水治理设施总面积不小于养殖总面积的6%。

2. 治理流程

处理工艺流程主要包括生态沟渠处理—沉淀池沉淀—过滤坝过滤—曝气池处理—过滤坝过滤—生物净化池净化—过滤坝过滤—洁水池处理（图3-7）。

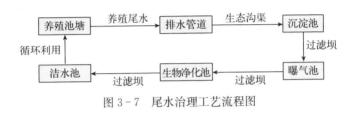

图3-7 尾水治理工艺流程图

3. 处理设施面积比例

为满足蓄水功能，沉淀池与洁水池面积应尽可能大，沉淀池、曝气池、生物净化池、洁水池的比例约为45：5：10：40。

三、养殖尾水处理设施建设要点

1. 生态沟渠

利用养殖区域内原有的排水渠道或周边河沟改造而成，并进行加宽和挖深，宽度不小于3米，深度不小于1.5米，沟渠坡岸原则上不硬化，种植绿化植物，在沟渠内设置浮床，种植水生植物，利用生态沟渠对养殖尾水进行初步处理，最终汇集至沉淀池（已硬化的沟渠只需设置浮床，种植水生植物；无可利用沟渠时，用排水管道将养殖尾水汇集至沉淀池）。

2. 沉淀池

沉淀池面积不小于尾水处理设施总面积的45%，尽量挖深，在沉淀池内设置"之"字形挡水设施，增加水流流程，延长养殖尾水在沉淀池中的停留时间，并在池中种植水生植物，以吸收利用水体中营养盐。沉淀池四周坡岸不硬化，坡上以草皮绿化或种植低矮树木。

3. 曝气池

曝气池面积为尾水处理设施总面积的 5% 左右，曝气头设置密度不低于每 3 米^{2}1 个，曝气头安装时应距离池底 30 厘米以上，罗茨风机功率配备不小于每 100 个曝气头 3 千瓦，罗茨风机须用不锈钢罩保护或安装在生产管理用房内。曝气池底部与四周坡岸应硬化或水泥板护坡或铺设土工膜，以防止水体中悬浮物浓度过高堵塞曝气头。应在曝气池中定期添加芽孢杆菌、光合细菌等微生物制剂，用以加速分解水体中有机物。

4. 生物净化池

生物净化池面积占尾水处理设施总面积的 10% 左右，池内悬挂毛刷，密度不低于 6 000 根/亩，毛刷设置方向应与水流方向垂直，毛刷底部也须用聚乙烯绳或不锈钢丝固定，确保毛刷挺直，不随水流漂动。定期添加芽孢杆菌、光合细菌等微生物制剂，用以加速分解水体中有机物。池塘四周坡岸不硬化，坡上用草皮绿化或种植低矮树木。

5. 洁水池

洁水池面积应占尾水处理设施总面积的 40% 以上，池内种植伊乐藻、苦草、铜钱草、空心菜、狐尾藻、莲藕、荷花等水生植物，四周岸边种植美人蕉、菖蒲、鸢尾、再力花等植物，合理选择植物种类，分类搭配，保证四季均有植物生长。水生植物种植面积应占洁水池水面的 30% 左右，同时应在池内放养鲢、鳙、河蚌、螺蛳等滤食性水生动物，进一步改善水质。

6. 过滤坝

用空心砖或钢架结构搭建过滤坝外部墙体，在坝体中填充大小不一的滤料，滤料可选择陶粒、火山石、细沙、碎石、棕片和活性炭等。坝宽不小于 2 米；坝长不小于 6 米，并以 200 亩养殖面积为起点，原则上每增加 100 亩养殖面积，坝长加 1 米；坝高应基本与塘埂持平，坝面中间应铺设板块或碎石，两端种植低矮景观植物。坝前应设置一道细网材质的挡网，高度与过滤坝持平，用以拦截落叶等漂浮物。过滤坝建设还应注重汛期泄洪设施配套。

7. 排水设施

所有排水设施应为渠道或硬管，不得使用软管，应尽可能做到水体自流，因地势原因无法自流的，应建设提升泵站。通过泵站合理控制各处理池水位，确保各设施正常运行、处理效果良好。

8. 监控设施

在尾水处理设施的中央和排水口各安装一套可 360°旋转的监控摄像头，进行远程监控。在曝气设备上安装智能曝气控制装置，做到定时开关曝气设备。

四、治理成效及长效机制

（一）治理成效

对龟鳖尾水治理成效的评估，可以从以下几方面考虑。一是在尾水治理设施建设试运行后，由具有水质评估资质的第三方对养殖池塘及沉淀池、曝气池、生物处理池等功能区域进行水质监测，采样点设在各功能区的末端，监测的主要水质指标为透明度、悬浮物、总氮、总磷、COD 等，按国标规定的方法对各指标进行测定。二是在经过尾水处理后，养殖效益是否受到较大影响，是正向效应还是反向效应。具体可以根据产量、能耗、饲料投入等多项指标进行综合统计分析。

以浙江省德清渔业养殖尾水处理模式为例，如表 3-9 所示，经检测评估，养殖尾水处理效果较好。主要体现在水体透明度极显著增加，由治理前的 20 厘米提高至 30 厘米；有效降低了水体中的悬浮物含量，治理后水体的悬浮物含量降低到了 SC/T 9101 规定的一级排放标准；大幅降低水体中的总氮含量，治理后总氮含量达到了地表水Ⅲ类标准；明显降低了水体中的总磷含量，水体的总磷含量达到了 SC/T 9101 规定的一级排放标准；此外，显著降低了水体中有机物含量。

表3-9　尾水处理设施试运行期水质指标变化情况

| 指标 | 处理前 | 处理后 | | | 处理效果 |
	养殖水	沉淀池	曝气池	生物处理池	百分比（%）
透明度（厘米）	20	15	30	30	50.0
悬浮物（毫克/升）	66	56	66	48	27.3
总氮（毫克/升）	8.362	1.276	0.628	0.852	89.8
总磷（毫克/升）	0.85	0.61	0.44	0.31	63.5
COD$_{Cr}$（毫克/升）	80	52	20	30	62.5

　　以浙江省鳖养殖尾水处理和循环再利用模式（彩图30）为例，通过养殖尾水处理设施将鳖养殖过程剩余的尾水通过生态和生物的方法进行处理，实现尾水的无污染处理，同时可以将处理好的废水排放到周边虾塘等其他水产品养殖塘作为补充用水，最终实现养殖水的"零排放"。

　　以浙江省杭州市余杭区龟鳖养殖尾水处理模式（彩图31）为例，龟鳖养殖尾水处理池建设采用了分区净化的方案：在池中设立沉淀区、浮床植物淡水鱼净化区、沉水植物螺贝净化区等，逐步降解净化。利用物理过滤、化学吸附、植物过滤及微生物作用等方法，有效去除水产养殖尾水中的氮、磷等营养元素，具有很强的净化能力。养殖尾水先经过沉淀区，利用网络栅格阻隔过滤或吸附尾水中的杂质，沉淀区淤泥通过泥泵抽取，然后进入藕塘种植区，经过分隔后流入投放了活性炭、电动增氧、生物膜和沉水植物、螺、贝等的物理、生物净化区，然后流入净化池，净化池种植浮床植物及放养少量鲢、鳙，从而实现了尾水生态循环利用，达到零排放。经统计，2017年余杭区该示范点实现龟鳖亩产净利润约15 000元，同时共节约用水16 000吨，如表3-10所示。

表 3 - 10　产值效益与节能效果统计

农产品	产量 （千克/亩）	产值 （元/亩）	净利润 （元/亩）	共节约用 药（元）	共节水 （吨）
鳖	1 745	62 820	14 141	150	16 000
乌龟	1 863	67 068	16 755		
鱼	1 216	20 672	4 548		
藕	2 965	10 674	2 723		

注：数据来自杭州唯康农业开发有限公司。

（二）长效机制

1. 主体责任机制

落实规模养殖场以养殖场为责任主体，以村委会和镇（街道）为监管主体；集中治理点以村委会为责任主体，以镇（街道）为监管主体的长效监管机制。落实专人负责，对治理点进行日常管理，确保各项设施运行正常，设备损坏及时维修更换，水生植物适时补种，环境卫生定期打理整洁等。

2. 资金筹措机制

按照"谁污染、谁治理，谁受益、谁承担"的原则，通过村规民约的方式，治理场点内的养殖户自发筹集资金，保障治理场点尾水处理设施的长期有效运行。

3. 塘长巡查机制

建立塘长负责制，每个示范场点应明确一名塘长，对示范场点的日常管理进行巡查监督。积极推行将塘长制纳入河长制的创新做法，进一步强化巡查监督。

4. 远程监管机制

利用现代物联网技术，通过在线监控、水质监测、智能曝气等技术，做到远程智能管控。

第四章
龟鳖的营养功效与食用加工

除可观赏之外，大量的医药典籍记载龟鳖还具有丰富的营养成分，可增强人体免疫力，因而龟鳖成为中华民族传统的良药和滋补佳品。华人不管走到哪里，都不会忘了中医文化中的食补传统，而自古以来受中国文化辐射影响颇深的周边国家如日本、韩国、新加坡和马来西亚，也因具有相同的饮食文化和食补风俗，对龟鳖类产品十分青睐。

虽然我国的龟鳖产业起步较晚，始于 20 世纪 70 年代末，而且主要的产区也相对比较集中——以养鳖为主，少量养殖食用龟和观赏龟，鳖类养殖集中于湖南、湖北、河南和广东，龟集中于广东和湖北。改革开放后，由于市场需求较高、宣传效果较好，龟鳖产业得到迅猛发展，养殖规模不断扩大，不仅国内需求旺盛，而且龟鳖产品的出口势头良好。随着市场的拓展，人们对龟鳖的认识进一步加深，意识到龟鳖全身都是宝，对于龟鳖也从单一的烹饪食用发展到充分利用龟鳖各部位具有的营养药用价值进行深加工，获得更为丰富的龟鳖加工产品。

第一节　龟鳖的营养价值

一、龟的营养价值

龟肉性味甘、酸、平，含蛋白质、脂肪、烟酸、维生素 B_1、

维生素 B_2 等营养成分，有滋阴补肾、柔肝补血、祛火明目的功效。民间认为吃了龟肉，可以使人长寿。有研究发现，龟肉的蛋白质具有抗癌作用。龟肉虽不及鳖肉鲜美，但滋阴之力强于鳖肉，且能除风，治疗四肢拘挛或日久瘫软不收有显著效果。龟板（龟的腹甲）是一种名贵的中药，可滋阴潜阳。海龟板制成的海龟胶，可使肝癌患者减轻症状，延长寿命。《本草纲目》记载，龟血可治打扑损伤，方法是"和酒饮之，外捣生肉内涂之"。龟血浆中含有蛋白质、尿酸、脂肪酸、肌酐、尿素氨、糖类、转氨酶及钾、钠、氯离子等多种成分。

不同种类的龟，营养价值虽然丰富，但在功效上也略有差异。以主要的食用龟为例。

1. 乌龟的营养价值

乌龟，又称草龟、香龟、泥龟、臭乌龟、金龟等，属淡水龟科乌龟属。乌龟属半水栖、半陆栖性爬行动物。乌龟的营养成分与鳖类似，含有丰富的蛋白质、脂肪、糖类、维生素、微量元素等。乌龟肌肉的蛋白质含量达 16.64%，必需氨基酸和鲜味氨基酸分别占氨基酸总量的 49.16% 和 43.39%，氨基酸组成中以谷氨酸含量最为丰富。乌龟是传统的食疗补品。古语有云：介虫三百六十，而龟为之首。龟，介虫之灵长者也。《神农本草经》将龟甲列为上品，认为其"主漏下赤白，久服轻身不饥"。

乌龟蛋白容易被人体所吸收，可增强免疫功能，对促进健康有重要作用。龟肉具有养血生血、滋阴益肾之功效；补益力强，营养价值高，对各种肿瘤、阴亏血虚、久咳、咯血、心烦不寐、遗尿、痔漏、筋骨疼痛、肢体拘挛不利等慢性病都有一定疗效。

乌龟的龟板为传统的名贵药材，它富含骨胶原、蛋白质、钙、磷、脂类、肽类和多种酶。据中医临床研究证实，龟板气腥、味咸、性寒，具有滋阴降火、潜阳退蒸、补肾健骨等功效。现代医学研究证明，龟板提取物能抑制肿瘤细胞 S - 180、Ec 等，对腹水型肝癌有治疗作用。

2. 鳄龟的营养价值

鳄龟以其体壮多肉而闻名于世，故又叫肉龟，原产于北美洲和中美洲，近年引入中国进行人工饲养并获得成功。鳄龟是龟类中的珍稀极品，具有出肉率高、营养丰富、生长速度快、经济价值高等特点。其出肉率居龟类之首，达 85%～89%，是其他龟的 2 倍以上；年平均增重 550～1 100 克，是其他龟的数倍。其肉细腻香酥鲜美且无异味，是高氨基酸、低脂肪、低胆固醇、低热量的高级天然营养食品，滋补作用十分明显。鳄龟营养价值在于可通任脉、助阳道、补阴血、益精气，对久病后精血亏虚、疲劳乏力、久瘫痿弱、虚痨咳嗽均有显效，也特别适合产后进补以及贫血失眠和脑力衰退者食用。此外，鳄龟龟血、龟头也都有一定的药用及营养价值，营养价值远远超过猪、牛、羊肉。

3. 巴西龟的营养价值

巴西龟有较高食用及药用价值，其肉质鲜嫩，可治多种疾病。龟肉、龟板可治肾阴不足、崩漏带下、痔疮沥血等，龟血有抑制哮喘、气管炎的特殊功能。常食用巴西龟有利于防止眼睛疲劳，对高血压病人有稳定血压、降低血压的作用。

二、鳖的营养价值

鳖，又名甲鱼、鼋鱼、团鱼，俗称王八，是一种肉质鲜美、营养丰富的珍贵补品，且全身是宝，其外壳、肌肉乃至蛋均可利用。其不仅是美味佳肴、席上珍品，而且全身皆可入药。鳖的营养价值早有记载：《本草纲目》中记载，鳖甲主治妇女经脉不通、难产、产后虚脱，鳖肉主治伤中滋气、补不足，鳖头治疗小儿诸疾；《名医别录》中记载，鳖肉有补中益气之功效；《日用本草》中认为，鳖血外敷能治面部神经麻痹，可除中风口渴、虚劳潮热。

现代科学研究表明，每 100 克鲜鳖肉含水分 73～83 克、蛋白质 15.3～17.3 克、脂肪 0.1～3.5 克、碳水化合物 1.49～1.6 克、灰分 0.9～1 克、镁 3.9 毫克、钙 1～107 毫克、铁 1.4～4.3 毫克、磷 0.54~430 毫克、维生素 A 13~20 国际单位、维生素 B_1 0.02 毫克、维生素 B_2 0.037~0.047 毫克、烟酸 3.7~7 毫克、硫胺素 0.62 毫克、核黄素 0.37 毫克、热量 288~744 千焦。鳖的脂肪以不饱和脂肪酸为主，占 75.43%，其中高度不饱和脂肪酸占 32.4%，是牛肉的 6.54 倍、罗非鱼的 2.54 倍，铁等微量元素是其他食品的几倍甚至几十倍。

鳖的种类较多，因环境差异，营养价值也略有区别，但总体营养成分差异不大。以目前养殖规模最大的中华鳖为例。中华鳖有多个品种，对中华乌鳖、普通中华鳖、日本鳖和台湾鳖 4 种鳖的肌肉营养成分分析结果显示：水分为 79.4%~80%、粗蛋白为 18.3%~19.9%、粗脂肪为 0.66%~1.14%、粗灰分为 0.93%~1.07%。相比中华鳖肌肉，其卵和裙边中蛋白质含量更高，分别可以达到 23% 和 29%，尤其是裙边中胶原蛋白含量高。但研究表明，蛋白质分子量在 1 000 以上时，并不能被人体直接吸收。其蛋白水解的多肽产物在人体中有良好的消化吸收特性，而且具有许多重要的生理活性功能。

中华鳖蛋白中氨基酸含量高、种类全，其中，肌肉中的必需氨基酸和鲜味氨基酸含量分别占总量的 46.94% 和 45.45%。中华鳖脂肪含量较低，肌肉和油脂中高度不饱和脂肪酸含量约占脂肪酸总量的 1/3，其中，DHA 与 EPA 分别占脂肪酸总量的 8.30% 和 6.97% 左右。肌肉中微量元素丰富，有铁、铬、锌、铜、锰等。此外，中华鳖中含有多糖、维生素等人体需要的生理活性物质。由此，中华鳖具有提高人体免疫力、促进血液循环、提高内脏活动能力、促进新陈代谢、增强抗病能力、养颜美容并延缓衰老等功效。

第二节　龟鳖的加工

随着龟鳖养殖业的快速发展，仅将其作为名菜简单烹饪食用，既严重制约了龟鳖产业的扩大发展，又未能充分利用其全身肌肉、卵、油、壳、骨等所含的营养和药用价值。所以，该产业迫切需要加强龟鳖深加工及综合利用的研究，提高其产品附加值，增加养殖户收入，规避市场风险。近年来，龟鳖加工产品陆续面市，主要有粉、液、酒、胶囊等营养保健品类，冷冻和真空包装的即食产品等多种形式。这些产品既全面保留龟鳖的营养价值，又方便消费者食用，而且提取并浓缩其生理活性物质，成为深受百姓喜爱的保健产品，为龟鳖产业的可持续发展提供了保障。

一、龟类加工品

1. 龟板制品

【生龟板】用利刃从尾部边削带挖至头部，再从头部的另一侧，边削带挖至尾部，把龟头、尾、四肢与内脏割除，刮净甲壳上的筋肉，用清水洗净晒干，称为"血甲"，质量尤优；用沸水煮熟，再取腹甲，去净肉筋晒干者，称"汤甲"，质量稍次。商品以足干、带有血斑、完整、无肉、无破碎、质坚硬、无背壳、无霉臭、气微腥、味微咸者为佳。

【醋龟板】将沙子置于锅内炒热，加入洗净的生龟板，炒至表面发黄为止，然后放入醋中略微浸渍，取出漂洗干净，晒干。

【龟胶】龟板经过熬煎浓缩制成的固体胶块称"龟胶"（龟板胶），其制作方法是将龟板用清水漂洗至无气味后晒干，再放入锅内煎熬数次，至龟板完全变酥时为止，合并煎液过滤，滤液再加少量白矾，搅拌静置，取上层清液以小火浓缩，并加适量黄酒及冰糖，熬成稠状，入模中冷却，再切成块晾干，用纸盒装好，放入石灰缸内，置阴凉处存放。商品以对光视之透明、洁净，质坚硬者为佳。

【龟苓膏】主要以龟板和土茯苓为原料，再配以生地黄、蒲公英、金银花、菊花等药物精制而成。具有滋阴润燥、降火除烦、清利湿热、凉血解毒的作用，用于治疗虚火烦躁、口舌生疮、津亏便秘、热淋白浊、赤白带下、皮肤瘙痒、疖肿疮疡。

2. 龟肉制品

【香辣龟肉】制作流程：整理解冻—腌制—浸洗沥干—煮制—油炸—炒制—装袋灭菌。配方和灭菌方式：食盐添加量为 1%，辣椒添加量为 0.5%，香辛料添加量为 0.5%，油炸时间为 2 分钟，高温灭菌。

【泡椒龟肉】制作流程：整理解冻—腌制—浸洗沥干—煮制—卤水熬制—泡制液调制—泡制—装袋灭菌；食盐添加量 1%，泡椒添加量为 25%，香辛料添加量为 0.5%，最后高温灭菌。

3. 龟蛋制品

【珠子蛋】又称异形蛋，由普通龟蛋加工而成，将其清煮、腌制后煮食，或油炸、高温灭菌制作罐头。食用口感似肉似血似骨，味道鲜美异常，具有龟肉、龟血、龟甲的综合营养成分和药效。

二、鳖类加工品

1. 冻干粉

将中华鳖冷冻后碾磨成细粉，制成冻干粉产品，如保健胶囊、龟鳖丸等商品，此类产品一般采用低温解剖、阶梯干燥加工、中药材配伍等流程，这样可以完全去除中华鳖体内的水分，而且可以保有其原有品质、增加药效、食用后容易消化。

【中华鳖精】中华鳖经清洗消毒后于 4 ℃冷藏，并在低温条件下解剖、剔除内脏、去除脂肪，接着逐渐升温干燥，依次经过 0 ℃、80 ℃、100 ℃、120 ℃干燥处理，最后将中华鳖研磨成粉状，经过灭菌、真空包装后得到中华鳖粉之半成品。将所取出的中华鳖脂肪经过搅拌、热浓缩、滤除油渣、冬化处理、充填氮气等制程后，得到中华鳖油之半成品。最后将中华鳖油与中华鳖粉按 6∶4 的比例混合搅拌，以软胶囊包装，即成为中华鳖精产品。

【中华鳖保健胶囊】以中华鳖冻干粉为主原料，配伍 DHA 微胶囊、银杏叶提取物与乳酸锌，由中华鳖冷冻磨粉、提取纯化中华鳖油中 DHA，并微胶囊化，各组分按比例混配及填充胶囊等加工工艺制备而成，该产品具有提高人体免疫力与改善记忆力双重功能。

2. 中华鳖胚胎素

中华鳖胚胎素是以中华鳖蛋为原料制成的一种营养食品，将中华鳖胚胎予以筛选后再高温干燥研磨成粉末制成。挑选良好中华鳖胚胎，以天然方法将受孕的胚胎孕育成形，再挑选胚胎生命力旺盛与稳定的中华鳖蛋为原材料，将其洗净、晾干，用酒泡一周，再在阳光下曝晒 5 天左右，去除腥味及水分，接着在酒中加入菌种发酵至完全适用，使有机质转化为多糖体，将胚胎素取出，高温烘干、研磨成粉末后制成胶囊或片剂。

3. 多肽产品

鳖蛋白由于分子量较大不易被人体直接吸收，可利用胶原酶将蛋白质分解为特殊的小分子肽，小分子肽具备充分的活性，显现出鳖的药用价值及对人体的保健功能。目前采用酶解工艺，选用不同酶解条件，包括酶的种类和酶解温度等，可以获得不同分子量范围的肽类产物然后制成口服液、干粉等产品。这类产品极易被人体迅速吸收，大大提高了蛋白质的吸收率和原料利用率。

4. 即食产品

将中华鳖加工成即食产品，保存时间长，食用更方便。加热即可食用，解决了人们为了食用中华鳖而亲自烹饪的费时费力的困难；同时，依据配方科学烹饪，既保留了中华鳖的美味，又提供了滋补保健的功能，为食用者带来双重功效。

【糟中华鳖】以中华鳖为原料，采用快速蒸煮方式蒸熟中华鳖块，然后盐渍、干燥、糟制，制成一种营养损失少、酒糟味浓郁、嚼劲较佳的中华鳖制品。热盐水烫漂、快速蒸煮、冷风干燥等方式有利于保持中华鳖原有的营养成分。风干中华鳖块控制水分含量在65%～70%，使糟制中华鳖块嚼劲较佳；采用陈香酒糟糟制，不仅去腥味效果好，而且制品酒香浓郁。糟制中华鳖真空包装在不添加任何添加剂的情况下，可以保存 90 天左右，是一种食用方便、风味独特的即食中华鳖制品。

【中华鳖罐头】中华鳖是中华药膳主要原料之一，将其与人参、当归、枸杞、莲子等按比例配料，调味炖煮，然后封入罐头，制成罐头食品。

【酱板手撕中华鳖】将中华鳖通过选料、解剖、腌制、晾晒、采用各种不同香辛料以及配料进行卤制、用烤箱进行烘烤脱水处理以使其硬化，然后真空包装、杀菌，包装成具有酱板风味特点的即食食品。

5. 其他类

【速冻中华鳖】以中华鳖活体为原料，宰杀后，经去膜、开背、除内脏和油脂、清洗，采用复合盐溶液脱脂、去腥处理，漂洗沥干后用食品抗冻剂、保水剂及抗氧化剂进行肉质处理，最后真空包装速冻。在−18℃以下进行冷冻保藏，不但解决了中华鳖买后宰杀难的问题，而且全年四季都可以售卖。

【中华鳖酒】以中华鳖为主要原料，加入谷物和中药材，蒸熟后加入酒曲或酵母，恒温密闭发酵，蒸馏出原酒，是一种全原料发酵酿制而成的中华鳖酒精饮料。采用恒温密闭二次发酵工艺，大大提高了中华鳖酒中营养成分含量。其酒体清澈透明，酒味芳香醇厚，口感宜人，实为高档滋补佳酒。

第三节　食用龟鳖的常见食谱

一、龟鳖的前处理

(一) 龟的处理

宰杀方法有两种：

方法一：将龟放入盘中，用刷子把龟全身泥土刷干净，滴干水。用筷子逗龟，待龟咬住后，将龟头拉出，用刀砍断头颈，将龟颈向下，让龟血流入预先准备好的碗中，然后将整个龟放入 70～80 ℃的热水中烫一下拿出来，将龟外壳及头部四肢的皮脱去。烫水脱衣后，将龟反转腹甲向上，用刀向腹甲两边四肢腋下连接处的甲桥砍去，然后用刀将龟颈骨、龟尾骨与背壳连接处砍断，即可以将背甲与龟肉分离，将内脏取出整理洗净，肉砍成块待用。

方法二：把龟放入铁锅内放水盖好烧火，温度逐渐升高，龟受热后将粪便排出很快死去，待水 70～80 ℃时将龟捞出脱皮，然后用刀将壳肉分离，并洗净腹中浊血水，斩成块待用。

（二）鳖的处理

1. 宰杀

方法一：将鳖翻过身来，背朝地，肚朝天，当鳖伸长脖子翻身时，用两指抓住其颈部，快刀落在头部割断其头骨，然后控血。

方法二：用筷子戳鳖的嘴巴，鳖会咬住筷子头不放，这时候只要用力把鳖的头拉出来，然后用刀斩断颈根，控血即可。

2. 清洗

方法一：将宰杀后的鳖放在 70～80 ℃的热水中烫 2～5 分钟后捞出。放凉后，将鳖全身的乌黑皮轻轻刮净，特别是头部、四肢还有裙边部分，摸上去滑滑的即可。刮净黑皮后，再将鳖清洗干净。从鳖的裙边底下沿周边割开，将盖掀起，去除内脏。

方法二：用剪刀或尖刀在鳖的腹部切十字刀口，挖出内脏，用清水洗净。内脏掏净后，洗净，斩掉四爪尖和尾鞘，去掉四脚附着的黄油。把鳖放到 80 ℃左右的热水中，烫几分钟，然后用手把鳖背部、裙边、头颈部、腿部的砂皮剥干净。

二、食用龟鳖常见菜谱

（一）龟类食谱

食用龟类制品需注意：

【功效】龟肉富含蛋白质、维生素 A、维生素 B_1、维生素 B_2、脂肪酸、肌醇、钙、磷、钾、钠，龟甲富含骨胶原、蛋白质、脂肪、肽类、多种酶以及人体必需的多种微量元素，具有滋阴补血、益肾健骨、强肾补心、壮阳效果。

【适宜人群】一般人群均可食用。

【禁忌人群】脾胃阳虚的病人不宜多食。此外，龟肉不宜与冬笋一起食用。

1. 草龟炖排骨

【材料】草龟 1 只，排骨半条，药材半份，花生油适量，盐适量。

【做法】

（1）准备食材，排骨切块，草龟去内脏切块；

（2）加入两大碗水，没过食材 1 厘米即可，先大火煮开后转文火炖；

（3）小火炖 1 小时后加入油盐，然后再炖 15 分钟出锅入盘。

2. 龟羊汤

【材料】龟 1 只，羊肉 500 克，党参 10 克，枸杞 10 克，当归 10 克，附子 10 克，食盐 4 克，冰糖 15 克，味精 1 克，葱 10 克，姜 10 克，黄酒 50 克，胡椒粉少许，猪油 75 克，水适量。

【做法】

（1）龟、羊肉均切成约 2.5 厘米见方的小块，随冷水下锅，煮开 2 分钟，去掉血腥味，捞出备用；

（2）炒锅置旺火上，放入熟猪油，烧至八成热时，下龟、羊肉煸炒，接着烹入绍酒，继续煸炒，收干水；

（3）取大砂罐 1 只，先放入煸炒过的龟肉、羊肉，再放入冰糖、党参、附片、当归、葱结、姜片，加清水 1 250 克，盖好，先用旺火烧开，再移至小火上炖到九成烂，然后放入枸杞，继续炖 10 分钟左右；

（4）离火，去掉葱、姜，放入味精、胡椒粉，盛入大汤碗内即成。

3. 红烧龟肉

【材料】龟 1 只，植物油 60 克，黄酒 20 克，生姜、葱、花椒、冰糖、酱油各适量。

【做法】

（1）将锅烧热，加入植物油，烧至六成热后，放入龟肉块，反复翻炒；

（2）加入生姜片、葱节、花椒、黄酒、酱油、清水各适量；

（3）再加冰糖，先用旺火烧开，再改用小火煨炖；

（4）至龟肉熟烂，加入盐少许，翻炒几下，盛入碗内。

4. 焖烧鳄龟

【材料】龟肉 500 克，枸杞 30 克，核桃 35 克，味精少许，大葱 15 克，姜 10 克，黄酒 10 克，冰糖 15 克，酱油 10 克。

【做法】

（1）龟去头、足、龟壳、内脏，洗净，切成肉块；

（2）鳄龟肉要过姜酒水，然后进行腌制；

（3）放一些姜片和洋葱垫煲底，把肉铺上去，加点水，大火煮沸；

（4）再加冰糖、枸杞、核桃肉碎末，先用旺火烧开，再改用小火煨炖；

（5）转小火焖烧 20 分钟后，即可食用。

5. 乌龟炖鸡

【材料】乌龟 1 只，土鸡 1 只，干香菇 30 克，红枣 10 克，枸杞 10 克，虾仁 20 克，鱿鱼须 20 克，鸡蛋 2 个，姜葱少许，盐少许，白酒适量。

【做法】

（1）土鸡杀好后不要剖腹，在屁股那里开一个口，把内脏清理干净；

（2）烧一锅开水，放几片姜片，烧开后，把鸡放进去烫 2 分钟，然后拿出来用冷水清洗干净；

（3）把虾仁、鱿鱼须、葱白依次放进鸡肚子里，放一边等水慢慢沥干备用；

（4）在锅里放点植物油，烧到七分热后，倒入姜粒，炒出香味后加入清洗好的乌龟肉，翻炒几下；

（5）把炒香的乌龟肉倒在乌龟的背甲里，在高压锅底部放先前剩下的姜片，再把乌龟背甲放进去，然后把腹甲盖在肉上；

（6）把肚子里装了其他食材的鸡放到乌龟上面；

（7）把先前准备的香菇、红枣、枸杞、鸡蛋放进高压锅里，倒入适量的清水，中火炖 30 分钟；

（8）炖好后，打开盖放入适量的盐，焖一会儿后加入葱段即可。

（二）鳖类食谱

食用鳖类制品需注意：

【功效】鳖富含维生素 A、维生素 E、胶原蛋白和多种氨基酸、不饱和脂肪酸、微量元素，能提高人体免疫功能、促进新陈代谢、增强人体的抗病能力，有养颜美容和延缓衰老的作用。

【适宜人群】一般人群均可食用。尤适宜肝肾阴虚、营养不良、糖尿病、冠心病患者。

【禁忌人群】肝炎患者及患有肠胃炎、胃溃疡、胆囊炎等消化系统疾病的患者忌食；失眠患者、孕妇及产后泄泻者忌食；肠胃功能虚弱、消化不良的人慎吃。

1. 生炒鳖

【材料】鳖 1 只，葱姜适量，油少许，酱油适量，盐少许，料酒适量，胡椒少许。

【做法】

（1）将鳖切块，葱姜切段；

（2）将少许油放入锅，待油热后，先放入葱姜段，然后放入鳖块；

（3）翻炒鳖块后，加入料酒、酱油、胡椒粉，继续翻炒；

（4）加入适量的水，刚好没过鳖块即可，焖一会儿；

（5）大火收汁，加入少许盐，翻炒后出锅入盘。

2. 鳖乌鸡汤

【材料】鳖1只，乌鸡1只，冬瓜适量，料酒适量，白胡椒粒10克，枸杞10克，生姜40克，盐适量。

【做法】

（1）把鳖和乌鸡分别切块备用；

（2）锅里水烧开后加入料酒，然后放入鳖块焯水去腥味；

（3）捞出鳖后，用同样方法给鸡肉焯水；

（4）将焯水后的鳖和乌鸡放入锅，加入足量的水后，再加入生姜、胡椒，小火慢炖；

（5）将冬瓜去皮去瓤后切块，待锅里文火慢炖80分钟后加入冬瓜、枸杞、适量盐，混匀后接着炖20分钟即可出锅入盘。

3. 鳖参头汤

【材料】鳖1只，参头20克，党参25克，莲子20克，百合30克，红枣5枚，枸杞20克，盐少许，生姜少许。

【做法】

（1）将鳖放入锅中，加入1升水，将参头、党参、莲子、百合洗净放入锅中；

（2）煮开后文火煲1小时，加入枸杞、红枣，再煮5分钟；

（3）加入少许盐，焖20分钟即可。

4. 冰糖鳖

【材料】鳖半只，冰糖1勺，酱油1勺，料酒小半碗，盐少许，姜葱适量。

【做法】

（1）烧开水，放入2片姜，给鳖焯水；

（2）少量油，下姜葱，爆香后放入鳖块翻炒，加入料酒；

（3）翻炒后加入适量清水，大火烧开继续小火炖；

（4）大约炖半小时后加入冰糖、酱油，继续小火炖；

（5）15分钟后收汁出锅盛盘。

5. 鳖烧排骨

【材料】鳖半只，排骨 300 克，姜葱少许，八角 1 个，料酒小半碗，酱油 1 勺，盐少许，胡萝卜半个，洋葱少量，香菇 2 朵，红辣椒 2 个。

【做法】

（1）锅里清水烧开后，先将鳖、排骨焯水；

（2）热锅，放入适量油，下葱姜蒜爆香，将鳖下锅翻炒十几秒；

（3）把排骨下锅，继续翻炒，加入料酒、白糖、酱油；

（4）加入适量水，下八角 1 个，大火烧开后，小火慢炖半小时；

（5）加入洋葱、胡萝卜、辣椒、香菇、葱段翻炒，大火翻炒后加入适量盐；

（6）翻炒后焖几分钟出锅。

第五章

龟鳖绿色养殖典型案例

第一节　浙江德清水稻-清溪鳖综合种养实例

一、基本信息

浙江清溪鳖业股份有限公司下辖一个国家级清溪乌鳖良种场、一个省级中华鳖良种场和一个省级主导产业示范区。作为国家级稻田综合种养示范基地，该公司占地面积 3 600 亩，主要以稻鳖轮作、稻鳖共生模式生产清溪香米、花鳖、乌鳖。该公司自 1999 年开始进行稻鳖轮作试验，经过 10 余年的探索，形成鳖与农作物轮作的一整套生态种养结合模式。2010 年全面推广稻鳖轮作模式，2011 年开展稻鳖共生生态养殖模式。由于鳖和水稻在同一块田里共生，因此也不用给鳖喂饲料，只让鳖吃食稻田里的虫、蛙、杂草等即可，而鳖的粪便又是水稻很好的肥料，真正实现稻鳖共赢，增加经济效益 30%以上。

二、种养与收获情况

放养的鳖苗种选择生长快、抗病力强的大规格清溪花鳖和清溪乌鳖；放养时间在水稻插秧半个月后，稻田水温最好 24 ℃以上，室外温度 28 ℃以上；放养的幼鳖应无伤无病、体质健壮，且大小基本一致，每亩宜放养规格为 0.3～0.5 千克的幼鳖 150 只左右；

放养前应对稻田鳖沟进行彻底清整消毒。

水稻于 10 月下旬至 11 月上旬收割，机械化操作。鳖捕捞采取在 9 月以后进行逐步烤田、利用鳖的趋水性让鳖自行先集中到深水沟再到越冬池塘安全越冬。在水稻收割后，清理稻田部分鳖采取人工捕捉到越冬池塘集中越冬的方式，根据市场需求分批按照规格大小供应市场。

该公司核心示范区稻鳖共生面积 1 660 亩。经测产，水稻平均亩产量达到 510.3 千克（嘉禾优 555）和 617.3 千克（嘉优中科 1 号）；鳖净增产 75.2 千克/亩。

三、种养效益分析

1. 经济效益

稻鳖共生模式生产的"清溪香米"市场平均售价为 15 元/千克，超出普通米价 2 倍以上；清溪鳖市场平均价 236 元/千克。亩均总产出 2.2 万元/亩，亩利润达 1.1 万元/亩，显著提高了稻田的利用率和产出率。

2. 生态效益

稻鳖共生模式下，通过鳖在系统中食虫驱虫，利用鳖粪和摄食残饵作为肥料。同时，创新引入草鱼、商品猪等物种到共生系统中，可以实现种养全程不施肥不用药，保障了农产品质量安全。浙江省水产质量检测中心检测报告表明，稻鳖共生模式下稻谷中 71 种农药的残留量检测结果均为合格，中华鳖产品 42 种药残检测结果也均为合格。

3. 社会效益

"十二五"以来，该公司相继承担了国家级稻鳖共生综合标准化示范区建设项目、部级稻田综合种养示范推广、省级稻鳖共生生态循环农业项目等。核心示范区先后承接了 2013 年农业部全国稻田养鱼现场会、2016 年农业部全国稻田综合种养技术现场会、2016 年全国休闲农业和乡村旅游现场会、2017 年全国农技推广中心现场会等重大会议和活动,模式辐射影响全国20多个省份,被誉为稻鳖共生的"浙江模式"。近年来该公司还启动了农业休闲观光旅游,通过农渔结合、农旅融合实现新增收、新发展。2015—2017年分别在全国稻渔产业创新发展联盟举办的评比中获技术创新、绿色生态、最佳口感三项金奖。2017年成功入选首批国家级稻鳖共生综合种养示范区。

四、经验与心得

1. 稻鳖种养田的选择与改造

主要是选好稻田、池塘及建设好防逃设施。养鳖稻田应选择水源充足、水质优良、附近水体无污染、旱季不干涸、雨季不淹没、保水性能良好的稻田。田块底质最好为壤质土,田底肥而不淤,田埂坚固结实不漏水,田块周边环境安静,进排水方便,交通便利。稻鳖共生的田块面积一般为15亩左右。在田块两侧沿田埂挖低,并用水泥现浇,形成暂养池。暂养池至少2个,作为鳖冬眠、投饵、暂养、起捕的场所。暂养池面积应占田块总面积的8%~10%,深度40厘米左右。暂养池四周用混凝土现浇防逃墙,防逃墙高60厘米,其中池下部分20厘米。并在防逃墙上固定塑料网片,网高1米,要求可自由收卷、倾斜、竖立(图5-1)。

2. 种养技术

主要注意水稻品种的选择及鳖的放养管理。根据播种时间及插秧密度,选择感光性、耐湿性强,株型紧凑、分蘖性强、穗型大,抗倒性、抗病性强的水稻品种,如嘉禾优555、嘉优中科1号等。每年4月底或5月初种植水稻,可采用机插或人工移栽至养殖商品鳖的稻田。稻鳖共生模式的中华鳖品种,以经国家审定品种,如中华鳖日本品系、中华鳖清溪乌鳖、中华鳖"浙新花鳖"等为宜。4月放养的中华鳖需先放置于暂养池中,5月播种水稻,20~30天后将网片收卷,使中华鳖散放到稻田,实现共生。一般亲鳖的放养时间为 3—5 月，早于水稻插秧；幼鳖的放养时间为 5—6 月，可在插秧 20 天后进行；稚鳖的放养时间为 7—8 月。可根据养殖条件、技术水平等合理放养。一般放养密度为亲鳖亩放 50～200 只，幼鳖亩放 100～600 只。

图 5-1　清溪花鳖-稻混养模式

3. 日常管理

（1）水稻管理　实施合理疏植，保证鳖的活动空间足够、通风良好和阳光充足。插秧后，前期以浅水勤灌为主，田间水层不超过 4 厘米，稻穗分化后，逐步提高水位并保持在 10～15 厘米。

（2）水质调控　根据气温、水稻长势逐步提高田间水位，保持田面水位不低于 20 厘米。必要时可视水质变化采取换水措施调节水质，以保持田间水质长期稳定。

（3）养鳖管理　5 月初开始投喂中华鳖配合饲料，在水沟处定点投喂。烤田时，缓慢降低水位，不会影响中华鳖摄食。日投喂量根据天气状况适当调整，一般为鳖体重的 1%～1.5%，每天早晚各投喂 1 次。

（4）病害防治　鳖病害防治主要坚持以防为主、防治结合原则，水稻病虫害通过稻鳖共生互利、水稻合理稀栽及生物诱虫灯等措施进行绿色防控。及时清除稻田中的水蛇、水老鼠等敌害生物，驱赶鸟害。

4. 收获管理

10—11 月，视水稻成熟度采用机收方式进行收割，收割前先将田水缓慢排出，使中华鳖进入暂养池后再进行机械化收割；暂养池中的中华鳖可根据市场行情和规格随时起捕上市。

五、上市与营销

清溪花鳖产品除浙江外，还有苏、沪、京、黑、辽、内蒙古六省份有省外专卖店，省内开设了 16 家专卖店。在全国有直销点 90家，仅杭州联华超市就有 30 家在售清溪品牌。

第二节　安徽蚌埠稻鳖鱼共生实例

一、基本信息

2016 年，安徽省农业科学院水产研究所、安徽省农业科学院水稻研究所及蚌埠市海上明珠科技开发有限公司承担了安徽省科技攻关项目"稻鳖鱼生态系统的构建与种养结合关键技术研究"，针对稻鳖鱼生态系统展开系列试验研究。项目在安徽省蚌埠市海上明珠科技开发有限公司实施（图 5 - 2），通过试验分析，稻鳖鱼综合种养效益明显，不仅能够提高水稻的产量，还提高了土地和水资源的利用率，提高了农民种粮的积极性，具有明显的生态效益、社会效益和经济效益。

图 5-2 稻鳖鱼生态高效种养基地

二、种养与收获情况

1. 试验地点和条件

试验点选择在安徽省蚌埠市海上明珠科技开发有限公司稻田种植基地的北区和南区（图 5-3）。稻田位于紧靠水源、水质良好、地势相对低洼、保水稳水、背离交通道路的偏僻安静处，设置的进、排水管道方便稻田进排水。按照项目要求，选择 4 块稻田放养中华鳖和鲫，分别为南区 1 号田块 1 667.5 米^2，北区 2 号田块 1 334 米^2、3 号田块 1 867.6 米^2 和 4 号田块 1 867.6 米^2，共计 6 736.7 米^2。

2. 稻田建设

（1）鳖沟开挖与围栏设施建设　在稻田长边开挖一条横沟作为鳖沟，形状为梯形，上宽 2.5 米，底宽 1.5 米，深 0.8 米，四周田埂做好做实。稻田养鳖的围栏设施材料选择彩钢板，用镀锌管间隔

图 5-3　稻鳖鱼生态高效种养稻田选择

2 米为桩，彩钢板用铁丝固定在镀锌管上，田埂内向下开挖 0.3 米深的沟，将铺设彩钢板的镀锌管埋入沟内，将生石灰撒入泥浆，夯实底部固定围栏（向内微倾斜，彩图 32）。

（2）水稻品种的选择与栽培　选择抗病害强、优质高产的绿稻24 水稻品种，分别于 2016 年 6 月 6 日在北区 2 号、3 号、4 号试验田和 2016 年 6 月 12 日在南区 1 号试验田种植，株距 20～30 厘米，行距 30～40 厘米（图 5-4）。

图 5-4　水稻种植

(3) 拦鳖栅、食台的设置　拦鳖栅设计成"〈"形或"〉"形。进水口凸面朝外，出水口凸面朝内，既增加了过水面，又使之坚固，不易被冲垮。沿着沟边每隔 3 米设置 1 个食台，将长 1.8 米、宽 0.75 米的石棉瓦斜置池边（彩图 33）。

3. 鳖苗、鱼苗放养与管理

(1) 鳖苗、鱼苗放养　所放养的幼鳖购自省级良种场（安徽喜佳农业发展有限公司）。放养时间为 2016 年 7 月 13 日，鳖苗无病无伤、体质健壮、大小基本一致。投放密度约为 1 500 只/公顷。具体为南区 1 号田块共投放雄性鳖苗 250 只，总重 164.45千克；北区 2 号田块共投放雌性鳖苗 200 只，总重 139.4 千克；北区 3 号田块共投放雄性鳖苗 280 只，总重 187.65 千克；北区 4 号田块共投放雄性鳖苗 280 只，总重 193.2 千克。该试验点共计投放鳖苗 1 010 只，其中雄性鳖苗 810 只，总重量为 545.3千克，均重 0.673 千克；雌性鳖苗 200 只，总重量为 139.4 千克，均重 0.697 千克。投放前用 5% 的食盐水浸泡 10 分钟。所放养的鱼苗为优质鲫鱼苗，投放数量为 1 260 尾/公顷，均重29.4 克（图 5-5）。

(2) 稻田管理　保持水位，水稻活棵后，稻田中水位正常保持在 3~5 厘米，高温季节加至 12 厘米。

(3) 饲料投喂　鳖苗放养 2 天后开始投喂饲料，饲料以水生昆虫、蝌蚪、小鱼、小虾等制成的新鲜配合饲料为主，人工配合饲料为辅。投喂量为总体重的 3% 左右，每天 3 次，早中晚各 1 次，投放比例为 35 : 30 : 35。阴雨天不投喂。

(4) 巡田检查　坚持每天巡田，仔细检查田埂是否有漏洞，拦鳖栅是否堵塞、松动，发现问题及时处理。养鳖水体每月消毒 1次，均匀泼洒 375 千克/公顷生石灰（彩图 34）。

4. 水稻收割与鳖鱼的测定

10 月 15 日使用收割机沿预留机械作业通道进入稻田（彩图35）。收割前，田间存水放干，中华鳖和鲫会自动转移至鳖沟内，

图 5 - 5 鳖苗、鱼苗放养

不影响收割。每公顷随机选取 300 只中华鳖和 300 尾鲫对其体重进行测量，评估生长性能。

5. 鳖鱼生长情况分析

投放和收获的中华鳖和鲫的数量及质量见表 5 - 1。中华鳖投放总数为 1 010 只，均重 0.678 千克，鳖苗大小均一、无明显差异；收获总数为 993 只，平均重量为 0.934 千克，增重率为 37.76%，死亡率为 1.68%。鲫放养 850 尾，均重 0.029 千克，收获总数 810 尾，增重率为 396.6%，死亡率为 4.7%。

表 5 - 1   稻鳖鱼种养模式中鳖鱼生长情况分析

投放与收获	中华鳖					鲫				
	总数量（只）	总重量（千克）	平均重量（千克/只）	死亡率（%）	增重率（%）	总数量（尾）	总重量（千克）	平均重量（千克/尾）	死亡率（%）	增重率（%）
投放	1 010	684.7	0.678	1.68	37.76	850	25.10	0.029	4.7	396.6
收获	993	927.18	0.934			810	116.64	0.144		

6. 产量分析

每公顷稻田中水稻、中华鳖和鲫的产量见表 5 - 2。

表 5 - 2   稻鳖鱼种养模式产量分析

种类	单位产量（千克/公顷）	净增产量（千克/公顷）
中华鳖	1 376.31	359.94
鲫	173.14	135.88
水稻	9 030	

三、种养效益分析

总的投资收益见表 5 - 3。综合分析表 5 - 2 和表 5 - 3，稻鳖鱼生态养殖每公顷投资约 5.04 万元，收获生态水稻 9 030 千克，净增产优质鳖 359.94 千克，产生利润 6.85 万元，投入产出比为 1∶2.36，较大程度提高了单位面积的经济效益。

表 5 - 3   稻鳖鱼种养模式每公顷的投资与收益分析

项目	投入			产出			利润（万元）
	投入量（千克）	金额（万元）	各部分投入占比（%）	单产量（千克）	金额（万元）	各部分产出占比（%）	
中华鳖	1 016.37	2.68	53.17	1 376.31	9.27	77.96	
鲫	37.26	0.05	0.99	173.14	0.19	1.60	

（续）

项目	投入			产出			利润（万元）
	投入量（千克）	金额（万元）	各部分投入占比（%）	单产量（千克）	金额（万元）	各部分产出占比（%）	
水稻	0.20	3.97		9030	2.43	20.44	
饲料、有机肥	0.56	11.11					
设施（按5年折旧）	0.34	6.75					
人工	1.16	23.02					
水电费	0.05	0.99					
合计	5.04	100.00			11.89	100.00	6.85

四、经验与心得

（1）结构改良，节本便捷　本试验不同于以往采用环形沟稻田养鳖，针对稻田需机械收割采取单边开沟作业方式，优点是操作方便、简单，降低了投资成本，在中华鳖饲喂过程中便于人员投饲、管理和巡查吃食、活动等情况。

（2）模式创新，经济效益显著　稻鳖鱼共生系统能提高单位面积经济效益和综合经济效益，在稻田养鳖中引入鲫，明显增加了单位面积经济效益，与传统种稻相比，经济效益极显著。

（3）生物多样，病害生态防控　稻鳖鱼共生系统在种养过程中引入鲫，提高了对水体饵料生物的利用率；稻田为鳖类活动提供了宽松优质的环境场所，活动、摄食、晒背范围大，生长发育快，增强了鳖的抗病性，生长期间几乎无疾病发生，达到了生态防控效果。

（4）提质增效，生态效益好　养鳖稻田避免了化肥和农药投入，减轻面源污染，改良了农业生态环境，生态效益显著。本研究在无农药和化学污染的环境下进行，稻米和中华鳖的品质高，产品无药物残留，稻米和中华鳖产品的价值增值 50% 以上，实现了提质增效。

稻田种养模式发展的初期，产品价格陡然升高，部分地区稻田养鳖的市场价格高达 160～300 元/千克，稻米价格也有所提高。随着面积的扩大，产量的上升，价格会下滑。因此，在发展过程中，要因地制宜，评估好当地的土质、水质环境，选择适宜的水稻品种和消费市场，循序渐进，不断调整种养组合方式，解决技术瓶颈，才能稳步发展。

第三节　浙江象山稻鳖鱼共生系统种养实例

一、基本信息

肖明朗，宁波市象山县西周镇航头村人，象山西周明朗家庭农场法人。该家庭农场现有省级稻鱼共生基地 300 亩，基地位于紧靠水源、水质良好、地势相对低洼、保水稳水、背离交通道路的偏僻安静处，设置的进、排水管道方便稻田进排水。选择 3 块稻田放养中华鳖和鲫，1 块开展稻鸭综合种养，分别为 1 号田块 22 011 米²，2 号田块 20 377 米²，3 号田块 12 673 米²，4 号田块 24 679 米²，共计 79 740 米²。

二、种养与收获情况

1. 水稻品种的选择和栽种

选择种植抗病害强、优质高产的宜香优 2115、中浙优 8 号、清溪 2 号等水稻品种，于 2018 年 6 月 28 日在试验田种植，株行距为 33 厘米×21 厘米。

2. 稻田的施肥及育秧、插秧

育秧场所选择在非稻鳖共作区进行，6月5日开始育秧，操作流程为清整优良育秧地—制作育秧床—配制育秧土/晒种—脱芒—筛选—选种—浸种消毒—催芽—播种—覆土—苗床追肥—起秧。施肥前，先排干田间水分并晒田，再使机械进入稻田，然后将稻田翻耕一次，随后立即进水、旋田、平田，稻田平整后立即插秧。

3. 鳖苗、鱼苗的放养

所放养的幼鳖购自余姚市冷江鳖业有限公司。放养时间为7月13日，鳖苗无病无伤、体质健壮、大小基本一致。投放密度为4 350只/公顷。投放前用5%的食盐水浸泡10分钟。所放养的鱼苗为优质鲫鱼苗，投放数量为250尾/公顷，均重25.3克/尾。

4. 生长与收获情况

投放的中华鳖稚鳖3万只，总重量为205.1千克，均重为6.84克。中华鳖成鳖投放5 000只，总重量为2 420千克，均重为0.484千克/只；收获3 365只，抽样测定的平均重量为0.683千克/只，部分未抓获，部分因收割机碾压等原因死亡。鲫放养2 000尾，均重0.025千克/尾；收获总数1 360尾，抽样测定的平均体重为0.138千克，部分未起捕或死亡。

三、种养效益分析

每公顷投资约2.39万元，产生收益7.62万元，投入产出比为1∶3.19，较大程度提高了稻田单位面积的经济效益。

四、经验与心得

稻鳖鱼共生系统在种养过程中引入鲫，增加了对水体饵料生物的利用率。稻田为鳖类活动提供了宽松优质的环境场所，活动、摄食、晒背范围大，生长发育快，增强了鳖的抗病性，生长期间几乎无疾病发生，达到生态防控的效果。

稻鳖鱼共生系统避免了化肥和农药投入，减轻了农业面源污染，改良了农业整体环境，生态效益显著。本研究在无农药和化学污染的环境下进行，稻米和中华鳖的品质高，产品无药物残留，稻米和中华鳖产品的价值增值 3 倍以上，其中稻米批发价格 16 元/千克、鳖销售价格达到 200 元/千克以上，实现了提质增效。

五、上市与营销

借力品牌包装和宣传，有效地打开了市场。一方面通过参加展销博览会提升了稻米知名度，另一方通过线上、线下销售，并结合乡村旅游，米、鳖等优质农产品实现价高量大和快速销售。

通过试验分析，稻鳖鱼综合种养的效益明显，不仅能够提高水稻的产量，还提高了土地和水资源的利用率，提高了农民种粮积极性，具有明显的经济效益、社会效益和生态效益。

第四节　浙江金华阳光大棚生态中华鳖养殖实例

一、养殖实例基本信息

汪益评，浙江省金华市婺城区罗埠镇陈家村人，金华市寿王鳖养殖有限公司法人。这是一家以外塘生态鳖养殖为主的市级农业龙头企业，养殖生产的中华鳖产品被评为金华市名牌产品，"寿王"品牌成为市著名商标。2012 年，该公司开始探索阳光大棚生态鳖养殖，共建成 20 亩阳光大棚，与外塘养殖相结合，探索大棚与外塘交替养殖的模式，取得一定成效，现对其养殖技术进行总结介绍。阳光大棚利用温室效应提高养殖水温、延长鳖生长周期，同时满足鳖生态养殖的环境要求和冬眠习性，是一种"产出高效、产品安全、资源节约、环境友好"的养殖方式。相对于大棚养殖，温室工厂化养殖具有占地少、周期短、产量高、效益好的优点，但与温室工厂化养殖相伴而生的是环境的破坏和食品安全问题频发，这也是在经济发展、生活条件改善的情况下，人民群众日益关注的问题。2014年以来，浙江省大力实施"五水共治"，建设美丽浙江，鳖温室整治成为浙江省渔业治水转型的重点工作，这也为更符合环境要求的阳光大棚生态养殖提供了发展契机。

二、放养与收获情况

根据养殖情况，对2014年11月放养的幼鳖与2015年7月放养的稚鳖的生产数据进行了统计，如表5-4和表5-5所示。

表5-4　2014年幼鳖的放养与收获

养殖品种	放养				收获			
	时间	规格（克）	数量（只）	密度（只/米²）	时间	规格（克）	存活率（%）	产量（千克）
杂交鳖	2014年11月	320	17 281	6.6	2015年6月	486	89.51	7 518
中华鳖日本品系	2014年11月	335	20 149	5.2	2015年6月	523	92.84	9 783

表5-5　2015年稚鳖的放养与收获

养殖品种	放养				收获			
	时间	规格（克）	数量（只）	密度（只/米²）	时间	规格（克）	存活率（%）	产量（千克）
杂交鳖	2015年7月	3.2	85 210	26.22	2016年6月	115	91.31	8 948
中华鳖日本品系	2015年11月	3.2	164 280	21.06	2016年6月	127	94.54	19 724

2014年11月放养的幼鳖经越冬后，于2015年4月底开始投喂，6月底收获上市。而2015年7月放养的稚鳖于当年10月底停食后越冬。

三、养殖效益分析

据测算，相对于温室养殖，阳光大棚生态养殖在电力、燃料、设施维护等方面可降低成本4元/千克左右，但阳光大棚生态养殖饲料系数在1.5左右，比温室养殖高约0.3，饲料成本高7～8元/千克，另外生态养殖成活率也相对有所降低。综上，阳光大棚生态养殖总体成本比温室要高4～6元/千克。根据目前浙江鳖市场行情，生态鳖的市场价格与温室鳖相比已有明显的差距，基本在10元/千克以上，因此阳光大棚生态养殖的相对效益还是比较高的。

四、经验与心得

1. 苗种投放

根据稚鳖品种不同，可自己购蛋孵化，也可直接购买稚鳖。购入的受精卵重量应大于4克，形状呈圆形或略椭圆形，一端有明显的白点或白区且界线清晰、整齐、无残缺；鳖卵外壳光滑圆润，无菌斑、水泡和水斑。稚鳖要求无伤病、无残次、有活力，种质纯正，同一鳖池的鳖要求规格整齐。放养前将稚鳖用高锰酸钾20毫克/升浸浴5分钟，或用2%的食盐水浸浴2～3分钟。放养时将已消毒的稚鳖连箱或筐轻轻放入水中，略微倾斜后让鳖自行爬出，游入水中。放养密度为20～30只/米²。

2. 饲料投喂

当水温达到20℃时，开始投喂。使用符合NY 5072和SC/T 1047规定的全价配合饲料。

饲料投喂前需将粉状饲料制成软颗粒，制作方法为先将粉状饲料与水按1:0.4混合搅拌20分钟，然后将搅拌好的饲料放入颗粒机中制成软颗粒。饲料混合搅拌时可按1%～3%的比例拌入鱼油。

投饲应严格按照定质、定量、定时、定点的"四定"原则。

（1）定质　要符合国家法律法规及相关标准要求。

（2）定量　日投饲量稚鳖为体重的 2%～3%，幼鳖为体重的 1.8%～2.5%，成鳖为体重的 1%～1.5%，投饲量的多少应根据鳖的摄食强度、水温及天气情况进行调整，所投的量应控制在稚鳖、幼鳖、成鳖 30 分钟内吃完。

（3）定时　每天 2 次，分别为 05∶00 和 17∶00。

（4）定点　饲料要均匀投在饲料台上。

3. 水质管理

鳖喜净怕脏，良好的水体环境是鳖稳定生长的重要条件。池水要求水面无油膜、浮沫，棚内无异味，要及时观察和检测水中的溶解氧、pH、氨氮、亚硝酸盐，pH 保持在弱碱性，每天注入适量的新水。棚内根据天气情况调节卷帘，以利于通风换气，调节棚内气温。定期使用适量的有益微生物制剂（光合细菌、硝化细菌、乳酸菌、芽孢杆菌等），根据菌种及要求不同，可选择直接化水泼洒或者拌入饲料中投喂。

4. 日常管理

坚持早、中、晚巡池检查，巡池时应检查防逃设施；随时掌握鳖吃食情况，以此调整投饲量；观察鳖的活动情况，如发现异常，应及时处理；勤除污物；及时清除残余饲料，清扫饲料台；查看水色，量水温，闻有无异味，做好生产、用药和销售记录。

5. 分池管理

稚鳖在阳光大棚内经 3～4 个月培育，达到 100～150 克的规格，需移到外塘进行越冬，并在翌年进行强化培育，于翌年年底大部分达到 500 克以上即可上市，而未达到上市规格的鳖则移入大棚，在下一年继续强化培育至 6 月前上市。这样可以达到缩短养殖周期的目的，而且大棚设施可以得到充分利用。

分池工作宜选择在 11 月进行，此时鳖已处于休眠状态，转池养殖对其损害相对较小。装运操作要小心，尽量避免出现损伤。放养前需进行挑选，将伤鳖病鳖挑出，隔离养殖，也可在此时分选雌雄，便于雌雄鳖分塘放养。鳖需用 20 克/米³ 高锰酸钾或聚维酮碘（含有效碘 1%）浸泡 5 分钟后装入塑料周转筐，防止挤伤压伤，然后将筐子运到养殖池边，让其自然爬入池中，放养密度为 4~6 只/米^2。下池后 1~2 小时，全池用 1~1.5 克/米^3 漂白粉泼洒消毒，而后隔 3 天消毒 1 次。

6. 疾病预防

以"预防为主、防治结合、综合治疗"为原则。药物使用应符合《无公害食品　渔用药物使用准则》（NY 5071—2002）的要求，提倡生态防病，推广使用高效、低毒、低残留药物，严禁使用高毒、高残留或三致（致癌、致畸、致突变）药物，建议多用生物制品、中草药。做好环境消毒、鳖体消毒、工具消毒和饲料台消毒，并使用中草药、微生物制剂拌料投喂，改善养殖环境，提高机体抗病能力。

（1）环境消毒　周边环境用漂白粉喷雾或泼洒；池水消毒：每 10~15 天用含有效氯 30% 的漂白粉 1~2 毫克/升全池遍洒，或用生石灰 30~40 毫克/升全池遍洒，两者交替使用。

（2）鳖体消毒　按前述稚鳖消毒方法实施。

（3）工具消毒　养鳖生产中所用的工具应定期消毒，每周 2~3 次。可采用以下 3 种方法：高锰酸钾 100 毫克/升，浸洗 30 分钟；食盐 5%，浸洗 30 分钟；漂白粉 5%，浸洗 20 分钟。

（4）饲料台消毒　每周用漂白粉或氯制剂溶液泼洒饲料台 1 次，并在饲料台周围挂篓或挂袋，漂白粉和氯制剂的用量不超过全池遍洒的用量。

（5）投喂饵料　可定期将中草药、微生物制剂按比例拌入饲料投喂。

五、上市与营销

目前，温室鳖价格处于低谷已有较长时间，说明温室鳖的市场需求正在减弱，这为生态鳖的发展提供了良好的契机，阳光大棚作为一种设施化的生态养殖模式，应该会有较大的发展前景（彩图36）。一方面，通过阳光大棚养殖可每年延长生态鳖的生长期 2~3

个月、缩短商品鳖的养成期，在保证产品品质的同时，达到缩短养殖周期的目的，降低养殖成本。另一方面，阳光大棚内环境相对封闭，受外界环境变化影响较小，可减少鳖应激反应，提高鳖抗病能力，促进健康养殖，提高鳖的品质。因此，寿王鳖养殖有限公司在营销中主要以高品质的生态鳖进行批发销售，同时开设了龟鳖土菜馆，提供原汁原味的生态有机鳖。

第五节　浙江柯桥虾鳖-鹅草轮作换茬种养实例

一、基本信息

杨子元，绍兴市柯桥区滨海元兴家庭农场场主，从事养殖业多年，拥有丰富的养殖技术与管理经营、饲料营销等经验。绍兴市柯桥区滨海（马鞍镇）工业开发区围垦海涂地区七七丘 2 号方，属传统渔区，通风向阳、交通便利、用电方便，水源充足、水质尚可，无毒污染源，盐度为 1～3，符合渔业用水要求。该养殖业态不仅是该区农业的主导优势产业，亦是该镇渔民发家致富的重要途径之一，养成的对虾已成为当地村民的富农虾，该农场 2015 年被评为省级示范性家庭农场。

二、种养与收获情况

该模式推行"以养为主，以种为重"的原则，结合区域资源与自身实情现状，根据池塘养虾的生产季特性，充分利用撂荒达半年之久的池塘资源空间来践行虾塘冬季种草养鹅，最大限度地消解养虾池的有害因子，进而优化虾塘的养殖环境，以防范并降低养虾风险与压力，提高养殖成功率。虾、鳖、鹅放养与收获情况如表 5-6 所示。

表 5-6　虾、鳖、鹅放养与收获情况

养殖物种	放养			收获		
	时间	规格	亩放	时间	规格	亩产（千克）
虾	4月底至5月中旬	1厘米	4万～5万尾	于10月上旬结束	95～138尾/千克	202
鳖	6月上旬	250克左右	平均37.5只	至年底捕毕	达750克/只以上	25
鹅	10月上旬		平均2.67羽	翌年1月中旬始售	3～4千克/羽	8.5

三、种养效益分析

　　塘口面积120亩，利用虾鳖与鹅草的轮作模式，经过近9个月的种养，2017年鳖的产值近97万元，虾的产值21万余元，鹅的产值也有3万多元，亩产净利润达到4 500多元（表5-7）。

表 5-7　虾鳖-鹅草轮作换茬种养效益情况

项目	投入			产出				利润（元）
	投入量	单价	总额（元）	产出量（千克）	单价（元/千克）		总额（元）	
池塘承包	120亩	1 450元/亩	174 000					
虾	550万尾	110元/万尾	60 500	24 240	40		969 600	
鳖	4 500只	25元/千克	28 000	3 010	70		210 700	
鹅	320羽	20元/羽	6 400	1 020	32		32 640	
黑麦草	65千克	13.15元/千克	855					
饲料	82.95吨		275 110					
渔药			60 000					
其他			60 000					
合计			664 865				1 212 940	548 075
亩均			5 541				10 108	4 567

四、经验与心得

实施虾、鳖、鹅、草种养结合实现全年投养鹅、每年完成一个批次虾和一个批次鳖的养殖周期：冬春季节的茬口安排是 10 月下旬虾、鳖捕完后，干塘栽种黑麦草种，待草长至 20～30 厘米高，建构成一个个湿地型围涂塘的生态群时，收割草料饲养鹅；翌年 4 月上旬，开展清塘消毒与曝晒工作，再放养南美白对虾、鳖。鳖一次放足，年底捕获；对虾则实行轮捕，捕大留小。日常管理同常规养殖。

1. 虾鳖混养

4 月上旬开始清草、用漂白粉或生石灰消毒，池塘灌水 80 厘米，再用敌百虫杀虫、用氨基酸硅藻源和生物制剂肥水，4 月下旬放虾苗，亩放 4 万～5 万尾；6 月上旬亩放规格为 250 克左右的鳖种 30～40 只。

2. 草的种植

10 月中下旬在结束虾塘捕捞后，抽干池水，撒播黑麦草籽种，播种量为 0.5～0.75 千克/亩，1 个月后待草长至 15～25 厘米，即开始给小鹅增喂黑麦草青饲料；全程共收获黑麦草青料约 50 吨。

3. 鹅的饲养

同年，在 10 月上旬购入小鹅苗 320 羽（其中有少量灰鹅），前期在室内用颗粒饲料强化育雏，11 月下旬开始增加黑麦草青料的投喂，饲养后期直接放养在虾池塘中，其粪便直接作为池塘基肥。

五、上市与营销

创设实行虾鳖-鹅草轮作种养融合理念，不仅充分利用池塘生产的空闲期，增加生产内容，提高池塘利用效率；同时还可利用生物间的生态关系，延伸食物链；利用植物吸收池底淤泥中聚积的有机物，改良池塘底泥，改善池塘生态环境，减轻了生产作业成本，实现了节能减排，继而营造了有利于对虾健康成长的生长环境。同时利用池塘生产的草来饲养鹅，实现虾、鹅双赢，促进池塘种养生产效能的提振，从而为大面积推广虾鳖混养塘冬季种草养鹅作出示范。目前销售主要以批发的形式，如若受禽流感影响，成鹅的售价难免要大打折扣，销售量势必锐减。

第六节　浙江余姚稻鳖新型种养模式实例

一、基本信息

余姚市鼎绿生态农庄有限公司成立于 2010 年，该公司是余姚市级农业龙头企业、宁波市中华鳖标准化养殖示范基地和余姚市高效稻渔综合养殖示范基地，拥有基地养殖面积 528 亩，其中核心示范区 98 亩，已基本形成科研、生产、销售一条龙产业体系。

二、种养与收获情况

综合运用生态学、水稻栽培学和水产养殖学基本原理，以种间关系分析、种养容量评估、饵料生物补充及病虫害控制技术为研究主要内容，达到稻鳖连片种养区不施化肥、不施农药、不施除草剂，使得水稻和中华鳖种养全过程达到无公害生产要求（表 5-8）。

表 5-8　中华鳖放养与收获情况

养殖品种	放养			收获		
	时间	规格（克/只）	亩放（只）	时间	规格（克/只）	亩产（千克）
中华鳖	2015 年 7 月 18 日	200～400	40			
中华鳖	2016 年 6 月 10 日	200～400	50	2017 年 11 月	600～750	45.2

三、种养效益分析

由于稻鳖养殖模式中中华鳖的养殖周期为2年，2年后可起捕销售，所以效益分析按2年测算，年总利润为1 643 852元，年亩利润为16 774元（表5-9）。

表5-9　稻鳖种养收益情况

项目	投入			产出			利润（元）
	投入量	单价	总额（元）	产出量（千克）	单价（元/千克）	总额（元）	
池塘承包	98 亩	550 元/亩	53 900				
中华鳖	9 000 只	35 元/只	315 000	4 429	476	2 108 204	
水稻			58 000	80 000	30	2 400 000	
饲料	19 800 千克	4 元/千克	79 200				
渔药			26 400				
肥料			11 000				
机械费			25 000				
人工			100 000				
加工			72 000				
营销费			80 000				
基础设施投入			400 000				
合计			1 220 500			4 508 204	3 287 704
亩均			12 454			46 002	33 548

四、经验与心得

1. 田间工程

（1）养殖沟渠　养殖沟渠面积控制在稻田总面积的10%以内，

按"口"或"田"字形结构布局。沟渠以上宽下窄的倒梯形结构为佳，沟深 0.8 米以上，沟上口宽 1.5~2.0 米，坡度以 1：(0.5~1) 为宜，并在沟渠上设置一条 3 米宽的农机通道。

（2）防逃设施　试验田块四周可采用水泥砖设置防逃设施。水泥砖高出地面 60 厘米，距离塘埂内边 50 厘米以上。

（3）防盗设施　种养区四周设置高 1.5 米以上防盗铁丝网，并在铁丝网内部放高 60 厘米的水泥砖。同时在主要道路和通道口设置监控探头。

（4）防鸟设施　种养区四周每隔 2 米设置一个水泥杆，水泥杆底部入土 30 厘米，上部 1.5 米，用铁丝将田字对应平行边上的水泥杆连接，在铁丝上每隔 0.5 米用 14 股的尼龙绳连接，以此在稻田上方设置防鸟网。

2. 水稻栽培与田间管理

（1）播种　选择口味佳单季稻稻种。

（2）移栽　播种 20 日后进行移栽。按照大垄双行栽插技术种植，株距 18 厘米，大垄宽 40 厘米、小垄宽 20 厘米，为中华鳖提供足够的活动空间。

（3）病虫害防治　物理防治，在稻田四周安装太阳能防虫灯；化学防治，在田块内安装化学物质防虫灯，通过性诱剂捕食虫子；生物防治，利用中华鳖的杂食性在稻田吃虫、赶虫。同时在田块四周种植香根草、非洲菊等植物，吸引田块中的虫子到田埂上。

3. 水产品放养与饲养管理

（1）中华鳖鳖种选择　从有资质的种苗场选购池塘外塘培育的中华鳖雄性鳖种，规格为 200~400 克/只，要求健康无病灶、体表光洁、底板光滑、无损伤、四肢健全有力、活力强。

（2）苗种放养　为提高中华鳖稻田放养成活率，在放养前一天用中草药制剂 80 克/米^3 泼洒稻田。放养密度为 30~60 只/亩。放养前需做好中华鳖鳖种消毒工作。稻谷收割后可放养一批青虾苗种。

（3）中华鳖养殖管理　养殖期间，全程不投喂中华鳖配合饲料。在养殖中后期可通过套养抱卵青虾、泥鳅苗或投喂野杂鱼、螺蛳等补充生物饵料。

4. 水稻与鳖收获

（1）稻田收割　稻谷成熟后用收割机收割。稻谷收割完后，提高田块水位，淹没稻秆。

（2）中华鳖起捕　翌年水稻收割后放干水陆续起捕出售。

稻鳖模式推广存在困难。一是稻农接受需要过程。稻农是种稻的专家，但对养鳖却是门外汉，缺乏水产品养殖技术、管理要点等技术知识，对稻鳖工程的认识度不够，接受率目前相对较低。二是稻鳖共生的管理不易跟上。传统水稻种植后只需灌溉、施药，无需专门搭建管理房，管理上相对简单；稻田套养中华鳖后，除要定期巡查做好水质调控外，还要做防逃防盗工作，需要有管理用房，专门有人管理。

五、上市与营销

目前稻鳖销售以批发的形式为主。

第七节　浙江桐乡中华鳖-多食性鱼类生态混养实例

一、基本信息

沈天富，桐乡市大麻镇海华村人，作为桐乡市大麻海北圩水产专业合作社社长，长年坚持模式创新，积极尝试养殖新技术，其负责的大麻海北圩水产专业合作社先后被评为嘉兴市示范性合作社和浙江省示范性农民专业合作社，具有较强的示范带动作用。该合作社作为试验点应用生态混养模式的池塘面积为 161.5 亩。

二、放养与收获情况

以中华鳖生态养殖为主，参考中华鳖塘套养乌鳢试验结果，探索更具有价格优势的大口黑鲈（优鲈1号）作为套养鱼的可行性，配合套养鲢、鳙等滤食性、杂食性鱼类，进一步完善生态混养增产增收新模式。生态混养模式一方面能充分利用池塘资源，另一方面能尽量发挥物种间的互利作用，减少病害、净化水质，更有利于保持养殖水环境的生态平衡。

中华鳖苗每亩放养约823只，平均规格100克/只，捕捞亩产量560千克；同时套养40克左右的大口黑鲈苗164尾/亩，大规格鲢、鳙52尾/亩，亩产分别为79千克和42千克（表5-10）。除增加的苗种、饲料成本外，每亩新增效益2 427元。

表5-10 中华鳖、鱼放养与收获情况

养殖品种	放养			收获		
	时间	规格	亩放	时间	规格	亩产（千克）
中华鳖	2016年4月15日	10只/千克	823只	2016年12月6日	900克/只	560
大口黑鲈	2016年5月3日	25尾/千克	164尾	2016年12月6日	590克/尾	79
鲢、鳙	2016年5月3日	4尾/千克	52尾	2016年12月6日	980克/尾	42

三、养殖效益分析

经过在中华鳖养殖塘中套养大口黑鲈、鲢、鳙等，在2016年中华鳖和鲈市场价格低迷的情况下，实现中华鳖产值271.32万元，鲈产值34.45万元，总产值达到310余万元，亩利润也达到了2 253元（表5-11）。

表 5 - 11 中华鳖-鱼混养收益情况

项目	投入			产出			利润 (元)
	投入量	单价	总额 (元)	产出量 (千克)	单价 (元/千克)	总额 (元)	
池塘承包	161.5 亩	700 元/亩	113 050				
中华鳖	132 915 只	1.7 元/只	225 956	90 440	30	2 713 200	
大口黑鲈	26 486 尾	1.1 元/尾	29 135	12 758.5	27	344 480	
鲢、鳙	8 398 尾	2 元/尾	16 796	6 783	7	47 481	
饲料	185.73 吨	12 元/千克	2 228 700				
渔药			46 835				
其他			80 750				
合计			2 741 222			3 105 161	363 939
亩均			16 974			19 227	2 253

四、经验与心得

以中华鳖生态养殖为主，探索大口黑鲈（优鲈 1 号）作为套养鱼的优势及可行性。在养殖过程中，根据大口黑鲈的生物学特性，对养殖模式做出相应调整，包括增加溶解氧、降低养殖密度、加大滤食性和杂食性鱼类的规格，以及使大口黑鲈苗与中华鳖苗规格相近等。试验结果显示，大口黑鲈可作为中华鳖池的套养品种。

1. 合理选择池塘

大口黑鲈喜栖息于水质清新、溶解氧丰富的水体中。人工饲养要求选择水源充足、灌排方便、水质良好、水面适中的池塘，因此，养殖池塘要采取底增氧、降低中华鳖养殖密度等措施，以有效控制溶解氧、保持良好水质。养殖前用生石灰进行池塘消毒，彻底杀灭池塘中各种病原体和敌害生物。苗种放养前 1 周进水，并培肥水质。

2. 放养时间、规格和数量

在 4 月中旬放养幼鳖，放养量约 823 只/亩，平均规格 100 克/只，放养前用 3% 的食盐水浸洗 5～10 分钟。5 月初在中华鳖池内放养大口黑鲈苗164尾/亩，平均规格40克/尾（图5-6），另投放大规格的鲢、鳙52尾/亩，平均规格250克/尾。此时放养大口黑鲈，池塘内有一定量的小鱼虾和水生昆虫供其捕食，若放养过早则池内动物性饵料很少，若放养过晚，则缩短了生长期。此外，为保证其他养殖鱼类不被大口黑鲈捕食，其入池时，池内的鲢、鳙规格要在200克以上。

图5-6　大口黑鲈苗与放苗

3. 日常管理

中华鳖池套养大口黑鲈和鲢、鳙的饲料投喂情况与普通养殖模式相同，中华鳖、大口黑鲈每天投喂2次，早、晚各1次。日投喂量占体重的2%左右，视其生长情况、天气温度等因素酌情增减。每天早晚巡塘，根据池塘水质情况，适量适时更换池水。每隔15日使用除硝改水宝和除臭灵两种微生态制剂，前者用量为100克/（亩·米），后者用量80～100克/（亩·米），全塘泼洒。大口黑鲈对水体溶解氧要求较高，养殖中后期要多开增氧机，保持上下层池水有充足的溶解氧和良好的环境条件。平时多检查护栏是否有破损、中华鳖活动等是否正常。

五、上市与营销

多品种套养不仅有利于保持水质、减少病害、提高饲料利用率等，还缓解了单一养殖品种受市场行情波动的影响，有利于养殖户的稳产增收。

128

第八节 浙江龙游中华鳖大棚-外塘新型养殖模式实例

一、基本信息

金渭祥，经营龙游祥盛家庭农场，位于龙游县湖镇镇洪畈村。该鳖场建立于 2011 年 10 月，建有采光大棚养殖池 7 600 米²，室外养殖池 8 000 米²，基础设施投资约 150 万元。另外配套商品鳖养殖塘 30 亩，基础设施投资约 60 万元。每年可产出商品中华鳖约 75 吨。养殖品种为中华鳖（包括清溪花鳖、纯种湖南系中华鳖）。

二、放养与收获情况

每年 4 月初放入约 15 克/只的越冬苗，到 11 月初，均重可达 200 克以上，成活率 90% 以上，亩产可达 4 000 千克左右。苗种规格达到 200 克/只时，即可按规格挑选雌雄，放养外塘。经过外塘一年的养殖，年底达到商品规格即可上市销售（表 5-12）。该模式养殖的中华鳖成活率较高、残次率低、商品质量好、成本也较低，养殖周期缩短，比普通外塘养殖早一年上市，成活率提高 20% 以上。

表 5-12 中华鳖大棚-外塘新型养殖模式放养与收获情况

养殖品种	放养			收获		
	时间	规格（只/千克）	亩放（只）	时间	规格（克/只）	亩产（千克）
中华鳖（大棚）	2015 年 4 月 2 日	66	20 000	2015 年 12 月 4 日	230	4 000
中华鳖（外塘）	2015 年 12 月 8 日	4	6 000	2016 年 11 月 10 日	400	2 100

三、养殖效益分析

通过将大棚养殖与外塘新型养殖相结合的模式，促使中华鳖在稚鳖时期能够较集中的培育，提高了饵料的利用率，降低了管理成本。经过连续几年的养殖模式应用，结果表明养殖收益较为稳定，亩利润能够达到 4 万元左右，相较于其他模式，经济效益极为显著，如表 5 - 13 所示。

表 5 - 13　中华鳖大棚-外塘新型养殖模式养殖效益情况

项目	投入			产出			利润（元）
	投入量	单价	总额（元）	产出量（千克）	单价（元/千克）	总额（元）	
池塘承包	48 亩	900 元/亩	43 200				
中华鳖	20 万只	2 元/只	400 000	75 000	56	4 200 000	
饲料	120 吨	1.2 万元/吨	1 440 000				
渔药	75 吨	0.4 元/千克	30 000				
其他			339 000				
合计			2 252 200			4 200 000	1 947 800
亩均			46 921			87 500	40 579

四、经验与心得

1. 生产条件

养殖场地要求水电供应方便，土质以沙壤土为佳。池塘大小以 1 000 米² 左右为宜，长宽比例为 5∶8。池内壁要求光滑、无破损、不漏水、进排水方便。采光大棚高 4.5 米，长 96 米，宽 40 米。每 1 000 米² 池塘配 1.5 千瓦水泵 1 只，自制循环水增氧设备 1 套，于稚鳖放养前适量栽种水草。

2. 大棚苗种放养前准备

（1）放养时间以 3 月底至 4 月上旬为宜，放养时稚鳖用 20 毫克/升高锰酸钾溶液或 4‰的食盐水体外消毒 2～3 分钟。

（2）放养前要检查大棚内池塘及附属设施是否完好，如有损坏要及时修理。

（3）放养前要用漂白粉或生石灰清塘。用量：漂白粉每亩 6～8 千克，生石灰每亩 150 千克，水深 10～20 厘米。化水全池泼洒。至放苗间隔期：漂白粉 2 天以上，生石灰 7 天以上。

（4）放养前水加深至 80 厘米左右，在放苗前两天适当栽种水草在食台板附近，以供稚鳖休息，同时封闭大棚进行加温。

3. 投饲管理

自制软颗粒饲料，水上投喂。待水温达到 22 ℃以上时就可以对稚鳖进行喂食。初始 3 天，投喂后 2 小时内检查饲料残留情况，以后逐渐增加投饵量，控制在 1 小时内吃完。随着气温水温逐渐升高，在早上水温达到 28 ℃，中午水温达到 30 ℃时，每天投喂 2 次，分别为 08：00 和 16：00 左右，时间控制在 40 分钟以内吃完。投喂量主要根据吃料速度来控制，依据检查饲料投喂点的情况来决定下一次饲料的增加或减少，平均 3 天左右调整一次投喂量。

4. 水质管理

稚鳖规格 50 克/只以内，开增氧循环水，开启时间每天控制在 6 小时以内，可分两次开启，白天中午开，晚上 22：00 左右开。水温达到 34 ℃以上时，要注意降温和换水。同时要增加水草的栽种面积，最好能达到养殖面积的 70%。水草能吸附氨氮、亚硝酸盐等有害物质，同时能降低水温，并为鳖提供掩蔽场所。

5. 疾病预防

养殖的过程中要适当消毒，但不可以经常消毒，根据水质情况，大约 40 小时消毒 1 次。在水温低于 27 ℃时要注意预防中华鳖皮肤病，主要是白点病、白斑病，可用硫醚沙星或戊二醛苯扎溴铵合剂全池泼洒。水温 28 ℃以上时要注意预防氨氮中毒，可通过换水与增氧结合，尽量不用微生物制剂。中后期要注意预防中华鳖肠道疾病、穿孔病、腐皮病，预防肠道疾病主要靠控制饲料量及吃食时间，饲料不浪费、水质相对可控同时配合消毒就可以控制皮肤病。

6. 外塘的管理措施

外塘放养前准备工作与大棚养殖基本相同。放养时间选择在每年的 11 月中旬至 12 月底。放养前用高锰酸钾或盐水消毒鳖体，越冬水位控制在 50 厘米左右。翌年 4 月中旬以后，天气晴好，水温在 20 ℃以上时，水体用漂白粉、二氧化氯或聚维酮碘消毒 1 次，用量为 2～3 毫克/升，并种植一些水葫芦或其他水草。到月底天气晴好、水温稳定在 20 ℃以上时可以用少量鲜鱼开食。5 月初水温稳定在 22 ℃以上时，就可以根据气温情况正常喂食。外塘以投喂浮性膨化饲料为主，晴天中午喂 1 次，雨天可以不喂。每千克中华鳖每次投喂 2～3 克饲料，以 1 小时内吃完为宜，连续两天快速吃完可以加量，未吃完则要减量。早上水温达到 27 ℃、中午水温 30 ℃以上时，晴天可以投喂 2 次，每千克中华鳖每天的饲料量控制在 8 克以内，根据吃料情况酌情添减。日常消毒可控制在每月 1 次左右。氯制剂、聚维酮碘或戊二醛交叉使用，防止产生抗药性，用量为 2～3 毫克/升。水温超过 34 ℃时，要勤换水，并增大水草的种植面积，占养殖面积的 70%左右。

五、上市与营销

2011 年开始，生产单位尝试用采光大棚加外塘的模式养殖精品中华鳖，目前该模式技术条件已趋于成熟。采光大棚主要养殖苗种，一年以后，平均规格达到 200 克/只以上时，转移到外塘养殖；再经过一年的养殖，规格达到 400 克/只以上时，可上市销售。该模式主要利用采光大棚的恒温性，通过太阳能加温提高水温，比常温养殖提前 40 天左右开食。下半年推迟 30 天左右停食；在梅雨季节可以正常喂食；一年的养殖周期中可以增加 3 个月左右的摄食时间。由于大棚的温度变化不大、水质稳定，中华鳖发病少，生长速度比外塘快 1 倍，饵料系数也降低，养殖周期比较稳定。初步统计，中华鳖的养殖成本比常规养殖成本低 30%以上。

养殖中华鳖要把握好产品的市场定位，如果是面向高端消费市场，就要生产出高质量的中华鳖，在品种品系的选择、商品的品相、产品质量安全和食用口感营养等方面做文章，重点围绕保障中华鳖的养殖生产安全和产品质量安全。给中华鳖提供一个良好的生长环境，自然就会少生病或者不生病；大部分疾病都是人为因素造成的。要从养殖环境以及养殖标准化流程入手，做好预防，尽量做到少用药或不用药，坚决不用违禁药。

第九节　浙江云和中华鳖河道生态放养模式实例

一、基本信息

卜伟绍，云和县清江生态龟鳖养殖专业合作社法人代表。该合作社是云和县第一家从事龟鳖养殖的单位，目前已建有石浦繁育养殖基地、栗溪高山稻鳖共生基地和卜家生态鳖流水放养基地，基地面积 208 亩，年产优质鳖蛋 12 万枚，培育幼鳖、鳖种 18 万只及优质商品鳖 25 万千克。合作社立足中华鳖模式创新，先后开展了水库网箱养鳖、高山稻田养鳖、中华鳖"三段式"生态养殖、流水生态养鳖等模式。其中，中华鳖"三段式"生态养殖技术集成与示范获得 2014 年度丽水市科学技术进步奖二等奖。申请发明专利 2 项，取得科技成果 6 项，先后被评为浙江省农业科技企业，省、市、县示范性农民（渔业）专业合作社。该合作社 2011 年开始向周边莲都、景宁、庆元、青田、文成等区（县、市）提供优质幼鳖 3 万多只，发展稻田养鳖、藕塘养鳖、水库网箱放养等新型养殖模式，已形成产供销一条龙和"合作社＋农户"的发展格局，成为浙西南山区重要的优质中华鳖苗种基地之一，为千家万户山区农民发展高效种养新型农作模式提供优质的种苗和强有力的技术保障。

二、放养与收获情况

中华鳖河道生态放养是基于山区小溪流众多、水质优良、水源丰富的特点，借鉴开化清水鱼养殖模式，利用溪流周边的荒田，建设河道分流式中华鳖生态流水放养大池，投放大规格温室中华鳖，放养期间鳖以螺蛳和天然饵料为食，用中草药防病。通过河道式养殖的中华鳖，底白背青、爪尖体薄、无药残、无泥腥味，2017年通过有机农产品认证。河道生态放养是中华鳖养殖业提质增效的新模式之一。放养：7月初，梅雨季之后，放养规格为0.4～0.6千克/只的温室中华鳖，每亩放1 000只以内。捕获：用地笼或者丝网，一般在翌年年底开捕。共收获中华鳖3 000千克。

三、养殖效益分析

利用天然河道生态放养，每亩放养中华鳖仅215只，整个养殖周期总成本约36万余元，平均每亩利润高达2万多元，单位面积经济效益极其显著（表5-14）。同时，销售情况表明在整个鳖市场低迷的情况下，消费者对于生态鳖的认可度依旧很高，生态鳖有着较好的消费群体。

表5-14　中华鳖河道生态放养模式养殖效益分析

项目	投入			产出			利润（元）
	投入量	单价	总额（元）	产出量（千克）	单价（元/千克）	总额（元）	
池塘（河道）承包	10.5亩	2 000元/亩	21 000				
中华鳖	2 250千克	40元/千克	90 000	3 000	200	600 000	
饲料			44 000				
渔药			1 900				

（续）

项目	投入			产出			利润（元）
	投入量	单价	总额（元）	产出量（千克）	单价（元/千克）	总额（元）	
新建设施			105 000				
其他			100 000				
合计			361 900			600 000	238 100
亩均			34 467			57 143	22 676

注：以上效益是按照一个周期（两年）计算。

四、经验与心得

1. 养殖设施及基本条件

选择溪流的合适地段建造蓄水坝，形成水流平稳的深水区，在深水区附近开阔地段建设河道分流式中华鳖生态流水放养大池（10.5 亩），池的上游处建造有闸门的河水分流口，下游建排水口，具备防洪抗旱、防逃功能。大池配套建设养殖尾水原位净化设施。

2. 养殖阶段

（1）养殖　以自然养殖为主，流水池塘中放养 1 000 千克/亩的螺蛳，早期以少量配合饲料诱食，中后期吃食水域中的螺蛳等天然饵料。

（2）疾病防控　病害以真菌性腐皮病为主，预防措施包括适当控制水流、减少机械化损伤、使用五倍子。

（3）尾水处理　安装水质在线监控设备，在排水处吊挂毛刷、网片等，接种有益水质净化微生物，排放水达到国家有关养殖尾水排放标准。

五、上市与营销

以品牌销售为主，"云河"牌商标在 2016 年已经成功创建为浙江省著名商标,并且加入了丽水市区域公用品牌"丽水山耕""丽水香鱼",开设淘宝店铺,通过互联网营销,市场价格可以达到300元/千克以上(计算平均价格200元/千克)。

第十节　浙江嘉善鱼鳖混养绿色高效模式实例

一、基本信息

浙江省嘉善县姚庄镇渔民村某养殖户,养殖面积15亩,共分2个塘,池塘护坡均硬化,且有防逃设施,池塘平均水位近3米,最深处达到3.5米。该户采用鱼鳖混养绿色高效模式,上层养鱼下层养鳖,既充分利用了水面,又有利于保持生态。

该村是目前嘉兴市唯一以村为建制的渔业特色村,地处嘉善县姚庄镇北部,苏、浙、沪二省一市交界处的太浦河南侧。这里地貌平广、江湖纵横、水源充足、水质良好、自然水生资源丰富,历来是各类水产品的重要繁衍栖息地。

二、放养与收获情况

(一)鳖的放养

1. 放养时间

鱼塘清整消毒工作结束后即可随时放养,考虑鳖种来源及生长季节,要求最迟在6月底结束放养,放养鳖种要求体质健壮、外表无伤。

2. 鳖种消毒

鳖种无论自育或从市场购买,在放入池塘前均需做好消毒工作,一般采用4%的食盐水或20毫克/升的高锰酸钾浸泡消毒,杀死鳖种体表病菌。

3. 放养密度和规格

鱼鳖混养池放养 200～300 克/只大小的鳖种，亩放养 200～400 只，放养密度需合理，密度过小，池塘利用率不高，产量低，密度过高则影响鳖的生长。

（二）鱼的放养

鱼种放养基本按常规鱼塘进行。但考虑鳖与青鱼、鲤均喜食螺蚬等鲜活饲料，食性相近易引起争食，在目前以同等成本利用螺蚬养鳖，其经济效益远高于青鱼、鲤养殖的情况下，要求鱼鳖混养池塘尽量少放或不放青鱼、鲤，适当增加鳖、鲫、草鱼的放养量。

养殖户 2018 年鱼种与鳖种投入、放养、收获情况见表 5-15 和表 5-16。

表 5-15 2018 年鱼鳖混养苗种投入情况

品种	投种数量（千克）	投种价格（元/千克）	投种费用（元）
鲢	112.5	9	1 012.5
鳙	120	12	1 440
老口青鱼	2 812.5	17	47 812.5
仔口青鱼	150	18	2 700
银鲫	187.5	12	2 250
鳖	2 400	70	168 000
合计	5 782.5		223 215

表 5-16 2018 年鱼鳖混养放养与收获情况

养殖品种	放养			收获		
	时间	规格	亩放	时间	规格	亩产（千克）
鲢	3 月	50 克/尾	150 尾	12 月	1.25 千克/尾	178
鳙	3 月	100 克/尾	80 尾	12 月	1.75 千克/尾	133
老口青鱼	3 月	1 250 克/尾	150 尾	12 月	5 千克/尾	712.5

（续）

养殖品种	放养			收获		
	时间	规格	亩放	时间	规格	亩产（千克）
仔口青鱼	3月	50克/尾	200尾	12月	1.25千克/尾	200
银鲫	3月	62.5克/尾	200尾	12月	0.3千克/尾	42
鳖	1—3月	400克/只	400只	10—12月	0.75千克/只	270
合计						1 535.5

三、养殖效益分析

（一）成本情况

养殖场2018年的苗种费用为22.32万元（表5-15），经统计，2018年各项成本费用见表5-17。

表5-17 2018年鱼鳖混养养殖成本情况（万元）

类别					合计
苗种	饲料	渔药	池塘租用	电	
22.32	19.57	3	1.2	1.5	47.59

（二）销售情况

如表5-18所示，2018年，15亩池塘共生产常规商品鱼及鱼种18 982.5千克，商品鳖4 050千克，总产值72.96万元，亩均产值4.86万元。总利润25.37万元，亩均利润1.69万元。

表5-18 2018年鱼鳖混养产量及产值情况

品种	总产量（千克）	价格（元/千克）	产值（万元）
鲢	2 670	4.4	1.17
鳙	1 995	9.2	1.84

（续）

品种	总产量（千克）	价格（元/千克）	产值（万元）
老口青鱼	10 687.5	18	19.24
仔口青鱼	3 000	18	5.40
银鲫	630	12	0.76
鳖	4 050	110	44.55
总计	23 032.5		72.96

四、经验与心得

（一）养殖技术要点

1. 日常投饲

一般情况下，在养殖密度低的鱼鳖混养池内，除增放部分鳖种养殖外，饲料等基本同原鱼池，但在鳖苗产超30千克的混养塘内，需加投适当量动物性鳖饲料（如小鱼、蚕蛹等），鳖用食台与鱼用食台需分开设置，实行"四定"投饲。螺蚬投放时间为6月中旬至9月底，每天投放于池塘固定处；一般4月底至9月底，每天增投适量动物性饲料于鳖食台，投饲量以当天吃完为标准。

2. 水质管理

平时常加注新水，开动增氧机，每月泼生石灰1次，用量为每亩每米水深每次20～30千克，改善调节池塘水质，另外用一些生物制剂来调节水质，防止鱼鳖病害发生。

3. 防逃防偷

日常管理工作的重点是要做到专人日夜值班，防止偷钓、逃逸发生。

（二）技术特点

鱼鳖混养能充分利用鱼塘水体资源，采用绿色立体养殖的方式，有利于鱼类代谢和浮游生物的繁殖，防止水质突变；有利于净化和稳定水质，促进鱼类生长，鱼类不仅可以直接摄食鳖的残饵，而且有机物的分解为浮游生物的生长提供了良好的条件，浮游生物大量繁殖又为滤食性鱼类提供了大量的饵料，大大提高了饵料的利用率；有利于水产养殖面源污染的控制，在 2018 年 7—9 月水质监测中，7 月池塘水总氮为 4.31 毫克/升，总磷为 0.26 毫克/升，COD_{Mn} 为 9.80 毫克/升，达到水产养殖尾水一类水排放标准，8—9 月总氮略有超标，总体均可控。

五、上市与营销

依托浙江省嘉善县六塔鳖业有限责任公司和嘉善县六塔水产专业合作社的平台，挑选无病斑、无畸形和活力强的鳖，以品牌销售，优质有保障的产品赢得了不少荣誉和口碑，"六塔鳖"先后被评为浙江名牌、嘉兴名牌、嘉兴市著名商标，2010 年 1 月被评为"中国名鳖"，并连续数年获评省、市农博会金奖产品。

第十一节　安徽马鞍山藕鳖共生实例

一、基本信息

马鞍山春盛生态农业有限公司，位于马鞍山市雨山区佳山乡前庄村。公司多年来依托安徽省农业科学院水产研究所，开展了龟鳖的品种选育、健康养殖集成技术和配套生态装备的研究。从 2016 年开始，公司养殖负责人李虎开始研究藕鳖共生的实际生产效益情况，利用生物间共生原理，把种藕与养鳖、增效和提质有机地结合起来，改善莲藕经济作物土壤和水质环境，既有效防治虫害和杂草的危害，提高了中华鳖的品质，又避免了药残和环境污染，是综合种养、绿色高效生产技术的创新。

二、种养与收获情况

1. 池塘建设

开挖面积近 3 亩的池塘，水深 1.5 米，淤泥深 30～45 厘米。配置晒背台，与水面呈 30°夹角，1/4 在水面下，3/4 在水面上。池塘四周以砖墙或水泥预制板作为防逃墙，高度在 1 米左右。

2. 品种选择

（1）鳖 选择产自本地、体质健壮、无病无伤、规格整齐的中华鳖。

（2）莲藕 种藕选择 2 个节以上的子藕或母藕的完整藕枝，藕身粗壮、整齐、无损伤，藕芽完整、健壮。

3. 莲藕种植

莲藕在 4 月初，气温＞15 ℃、地表以下 10 厘米处地温大于 12 ℃时定植。设置行距为 200 厘米，穴距为 70～100 厘米。每穴 2 株，小苗栽 3 株，藕种大、芽多的栽 1 株，深度为 15 厘米，种植水面占总水面的 1/3。

4. 鳖放养及管理

莲藕种植 1 个月后开始放养中华鳖，每亩放养约 900 只，鳖苗均重约 200 克。养殖期间，投饵遵循"四定"原则，即：定质，鳖饲料蛋白质含量 43%～46%；定时，日投喂饲料 2 次，分别为 06:00 和 16:00，5 月上旬至 10 月上旬，每日 17:00 加投喂小杂鱼 1 次；定量，投喂量约为鳖体重的 2%，半小时内吃完；定点，固定位置投喂。

5. 池塘管理

水质管理：夏季水色调理成黄绿色，秋季为茶绿或淡绿色；池水呈微流水状态，经常补注新水；每隔 15～20 天向水体中泼洒 25 毫克/升生石灰水，补充水体钙质，调节 pH 为 7～7.5；每隔 15 天，中午时分全塘泼洒二氧化氯，泼洒浓度为 1 毫克/升。施肥与防病：利用生态共生关系，不施化肥、不用药。

6. 莲藕与鳖的收获

藕鳖共生为期 3 年，每亩收获约 800 只中华鳖，存活率达 89%，收获时个体均重达 1 250 克，可直接上市销售。即亩产鳖约 1 000 千克，亩产莲子 300 千克，藕-鳖共生模式与单种藕比较，莲蓬直径增加 5%，单个莲子质量增加 10%。

三、种养效益分析

1. 种养成本

对整个种养周期中的鳖苗费、饲料费、莲藕费、池塘租金、水电费、人工费等进行核算统计，合计投入经费约每亩 5.09 万元，具体如表 5-19 所示。

表 5-19　2018 年藕鳖共生养殖成本情况（万元/亩）

类别					合计
鳖苗	饲料	莲藕	池塘租用	水、电、人工	
1.44	3	0.15	0.1	0.4	5.09

2. 种养收益

完成莲蓬采集和鳖捕捞销售后，统计每亩产值，合计约 12.4 万元，如表 5-20 所示，再结合每亩实际投入资金情况，可以发现藕鳖共生模式下每亩利润高达 73 100 元。

表 5-20　2018 年藕鳖共生产值情况

品种	单价	产值（万元/亩）
鳖	120 元/千克	12
莲蓬	1.5~2 元/个	0.4
合计		12.4

四、经验与心得

该公司独创品牌"荷花鳖"，已在南京、马鞍山等地餐饮市场享有盛誉。目前正在进行大力推广藕鳖共生模式的研究，促进产品品质的提升。藕鳖共生（彩图 37）模式下，要注意以下几点：一是要选择池埂较宽的藕塘，以便为鳖提供活动晒背场所；二是鳖放养要适时，待荷藕长出浮叶后才可放养，放养过早因水浅而又没有遮阴物会影响鳖吃食和活动，同时鳖的活动会影响荷藕的抽芽生长；三是水位控制是关键，要使其同时满足荷藕和鳖的生长需求。每天应坚持早、晚两次巡塘，检查防逃设施和进排水口，及时修补漏洞；观察水质，若有异常变化，及时采取调节和改良措施；观察鳖的活动、吃食和生长情况，及时调整投饵量。

第十二节　安徽马鞍山虾鳖稻连作共生实例

一、基本信息

养殖户王德淦，马鞍山农腾生态农业科技发展有限公司负责人。该公司 2014 年流转博望区博望镇石臼湖旁 1 400 亩稻田种植水稻，该田块水源充足、水质良好，对于稻田养殖有着得天独厚的优越条件。2015 年试点 700 亩虾鳖稻连作共生，效益很好，2016 年扩大到 1 000 亩，建立示范性的虾鳖稻连作共生养殖基地。

二、种养与收获情况

1. 稻田条件

博望区博望镇石臼湖旁的稻田土质肥沃，黏性土，保水性能好，且石臼湖水源充足，水质良好，排灌方便。

2. 田间工程建设

视田块高低合理分配养殖塘口，面积 30～50 亩不等，田块四周开挖"L"形养殖沟，沟宽 3 米，坡比 2∶1，挖土作埂，每个田块留机械作业口 1~2 个，埋设进排水管，做到进、排水分开。沟函相通，环形沟占田块总面积的 10%，整个工程结束后用生石灰对全部田块进行消毒（图 5-7）。

图 5-7 开挖标准稻田

田块安排合理后，应在每块田四周埋设防逃盖塑板或玻璃板，随后上水泡田，在"L"形沟内栽种伊乐藻，按 3 米一丛栽植，稻板旋耕后，条播伊乐藻，间距 4 米。在田块上方拉间距 1 米防鸟丝，防止禽鸟危害龙虾、幼鳖。

3. 水稻的选择和插秧

水稻品种选南粳 46 和南粳 5055，主因其植株中等、秸秆坚硬、不易倒伏、分蘖力强、抗病抗虫害，适合稻田养殖。插秧时在鱼沟和鱼函四周增加栽秧密度，充分发挥边际效益，充分利用田体空间，平均 1.4 万穴/亩，插秧时间为 6 月 3~4 日（图 5-8）。

4. 虾鳖的放养与管理

4 月每亩投放龙虾苗种 15~30 千克，养殖过程使用饲料喂养；8 月初投放鳖种每亩 30~60 只，生产过程不使用任何化肥、农药、

图 5-8　人工插秧

除草剂，收割可采用人工和机收（图 5-9）；田间配置太阳能诱虫灯诱杀虫类，为水产动物提供天然饵料。该模式重要的生态循环意义在于，水产动物摄食饵料后排放粪便为稻田施肥，增加水稻所需的氮、磷等养分，同时平常活动、摄食帮助清除田间杂草，由于不使用化肥，土壤结构能得到有效改善，从而提高水稻品质；水稻又可以给龙虾、河蟹、鳖起到遮阳、降温作用。

5. 收获

该公司种养面积达 1 000 亩，实现小龙虾亩产 100 千克，鳖亩产 45 千克，有机米亩产 500 千克（表 5-21）。

图 5-9　人工除草

表 5-21　虾鳖稻连作共生种养和收获情况

品种	放种			收获		
	时间	平均规格	亩放	时间	平均规格	亩产（千克）
龙虾	4 月	4.2 克/尾	25 千克	6—7 月	30 克/尾	100
稻	6 月		1.4 万穴	12 月		500
鳖	8 月	500 克/只	60 只	12 月	800 克/只	45

三、种养效益分析

该公司年产值达 1 290 万元，年利润 814 万元（表 5-22、表 5-23），经济效益可达 8 140 元/亩。

表 5-22　虾鳖稻连作共生成本情况（元/亩）

类别											合计
土地流转费用	耕田	人工育插秧	播种	人工除草	农家肥	电费	收割	苗种	饲料	人工管理	
750	80	200	30	100	160	90	100	2 200	250	800	4 760

表 5-23　虾鳖稻连作共生产量及产值情况

品种	产量（千克/亩）	单价 （元/千克）	产值（元/亩）
小龙虾	100	30	3 000
有机稻	500	9	4 500
鳖	45	120	5 400
合计			12 900

四、经验与心得

　　经过稻田种植和虾鳖稻连作共生两种生产模式对比，发现虾鳖稻连作共生模式亩均利润是水稻单作的 3 倍，且抗风险能力强，若水稻因高温病害等遭受损失，可以从龙虾和鳖中收回成本，若龙虾和鳖养殖过程中遭受了损失，还可以依靠粮食收回部分成本。与水稻单作，池塘养龙虾、鳖相比较，其抗风险能力大大增强。稻田水源都很充足，未来发展虾鳖稻连作共生模式的空间很大，前景广阔。

五、上市与营销

　　虾鳖稻连作共生田生产出的稻谷品质优良有机，因其在生产中多使用普通灯光诱虫和太阳能诱虫灯杀虫，零农药使用，加之龙虾和鳖在稻田中生长，吃掉大量害虫和虫卵，龙虾和鳖粪便又被水稻吸收，促进了水稻生长，水稻光合作用产生的大量氧气，又有利于龙虾和鳖生长。在种植过程中农药和化肥用量为零，生产出的稻谷达到有机稻谷的标准，对提升稻谷价格、提高稻谷品质、提高养殖户经济效益等多方面都有很大的上升空间。

第十三节 广西玉林稻鳖鱼共生系统种养实例

一、基本信息

陈绍平，玉林市福绵区六龙村人，玉林市龙泉水产养殖有限公司法定代表人。该公司现有省级稻渔共生基地 220 亩，其中稻鳖鱼共生 80 亩。基地位于紧靠水源、水质良好、地势相对低洼、保水稳水、背离交通道路的偏僻安静处，设置的进、排水管道方便稻田进排水。

二、种养与收获情况

1. 稻田工程建设

每块稻田都建有鳖（鱼）池和坑沟，并形成"山"字形，面积占每块稻田总面积的 10% 以下。池深 1 米，沟宽 1 米、深 0.5 米，并安装有进排水系统。稻鳖共生区建有 1 米高的防逃墙；稻鱼共生区建有防逃网。每 2 亩稻田安装 1 台诱虫灯诱虫，每天早上收集一次虫子用于喂鳖和鱼，并根据收集虫子数量来决定当天的饲料投喂量。

2. 水稻种植

选择和栽种抗病害强、优质高产的珍桂和 Y 两优 3218 等水稻品种。在插秧前结合稻田翻耕和平整施放一次基肥，施放基肥方法：亩施尿素 10～15 千克（或碳酸氢铵 30～40 千克），过磷酸钙或钙镁磷肥 20～25 千克，氯化钾 8～12 千克。2018 年 4 月 3 日插秧，株行距为 35 厘米×17 厘米。

3. 水稻管理

插秧后 10～15 天，施分蘖肥，亩施尿素 5～10 千克或碳酸氢铵 15～25 千克。插秧后 30～35 天，施孕穗肥，亩施尿素 3～5 千克，或者喷施两次叶面肥，叶面肥浓度：尿素 0.5%～1%，磷酸二氢钾 0.2%～0.3%。到了后期还可喷施磷酸二氢钾，提高成熟度和千粒重。

4. 鳖鱼养殖

（1）放养　放养的黄沙鳖苗来自本场的自繁隔年过冬苗，规格在 250 克以上，健康无病。2018 年 4 月 19 日，每亩放养黄沙鳖200 只、胡子鲇 3 000 尾。

（2）管理　放苗后第二天开始喂料。鳖喂人工鱼浆；胡子鲇喂人工配合饲料。每日下午投喂一餐，上午不投喂。投喂比例为鳖（鱼）总体重的 5%。随着个体增长以后逐步调整投喂比例，最后下降到 1.7%。

5. 收获情况

投放黄沙鳖 1.6 万只，总重量为 4 592 千克，均重为 287 克；截至 2019 年 10 月 24 日起捕成鳖 14 288 只，总重量为 10 359 千克，均重为 725 克，成活率 89.3%，还有少量未抓捕。早稻收获稻谷 27 840 千克，亩产 348 千克；晚稻收获稻谷 37 840 千克，亩产 473 千克。两季合计收获稻谷 65 680 千克，平均亩产 821 千克。

三、种养效益分析

总投入成本 66.11 万元，总产值 96.67 万元，产生利润 30.56万元，投入产出比为 1∶1.46。亩均利润 3 820 元，较大程度提高了稻田单位面积的经济效益。

四、经验与心得

稻鳖鱼共生系统利用鳖排出的粪便作为水稻的有机肥，每年每亩减少使用化肥和农药约 400 元，大大降低了水稻种植成本；稻鳖鱼共生系统利用诱虫灯诱捕的虫作为黄沙鳖和胡子鲇的饲料，使得养殖 1 千克黄沙鳖的鲜饵料用量减少了约 1 千克，节省成本约 5 元；养殖 1 千克胡子鲶的饲料用量减少 0.4 千克，节省成本 1.2 元。养殖过程中用药次数和用药、用肥量明显减少，减轻了农业面源污染，改良了农业整体环境，生态效益显著，产品质量安全也得到明显提高。谷粒饱满，饭香味浓。通过试验分析，稻鳖鱼综合种养的效益明显，不仅能够提高水稻的产量，还提高了土地和水资源的利用率，提高了农民种粮积极性，具有明显的经济效益、社会效益和生态效益。

第十四节　广西全州稻鳖共生系统种养实例

一、基本信息

翟运辉，桂林市全州县枧塘镇高峰村委翟家村人，全州高峰运辉种养农场法人，该家庭农场现有稻鳖共生基地 5.7 亩，基地条件：水源充足，水质符合 GB 11607 及 NY 5051，砾沙土质，交通、电力便利，环境安静。每块稻田周围用红砖或水泥砖砌成70～80 厘米高的围墙，内壁用水泥光面，以防鳖逃跑，围墙上部用竹子或铁丝围成 1～1.5 米高的围墙，以防牲畜和人偷食鳖。稻田中部砌一休息台或产卵台，可供鳖在晴天到台边晒太阳消毒防病，繁殖季节至产卵台产卵，工人可随时收集鳖卵进行人工孵化及培育。设置立体式的进、排水管及拦鱼设施。

二、种养与收获情况

1. 水稻

选择抗病害强、抗倒伏、优质高产的株两优 4024、株两优 171 号、晶两优 1377、泰 390 优等水稻品种，于 6 月初播秧，6 月下旬插秧，株行距为 30 厘米×20 厘米或 30 厘米×40 厘米，10 月中旬收割。

2. 鳖

自繁自育优级鳖苗，选无伤无病、体质健壮、大小基本一致且规格 100 克/只以上投放，小密大稀，到商品鳖养殖时调整至 100 只/亩。投放前用 4%～5%的食盐水浸泡 10～15 分钟。

3. 基地生产管理方式

施少量化肥作水稻基肥、追肥；基本不施农药，安装太阳能灭虫灯或用生石灰防治水稻、中华鳖病虫害及改善稻田水质，不使用其他渔用药物。日常投喂经加工处理的野杂鱼干、江河塘库存鲜活野杂鱼、江河野生螺类及去壳鲜福寿螺等人工饲料，投饲量的多少应根据气候状况和鳖的摄食强度进行调整，所投的量应控制在 2 小时内吃完。保持充足的水体空间及水体交换条件，养殖技术严格执行《无公害食品 中华鳖养殖技术规范》（NY/T 5067—2002），商品鳖规格≥1 000 克，质量符合《无公害食品 中华鳖》（NY 5066—2001）。

4. 收获情况

养殖周期 4～5 年，商品鳖产量 200～250 千克，年均亩产 51 千克左右；稻谷平均每亩产 256 千克。

三、种养效益分析

自己采集的野杂鱼不计，须购买干鱼、鲜鱼、螺等，5.7 亩稻田养鳖需投入 16 501.2 元饲料成本；化肥 342 元，种谷 427.5 元，生石灰 171 元；鳖田种稻谷人工费需 1 995 元。5.7 亩投资约 19 436.7 元。鳖售价 300 元/千克，稻谷售价 3 元/千克，5.7 亩年收入共计 91 587.6 元。投入产出比为 1∶4.71，较大程度提高了稻田单位面积的经济效益。

四、上市与营销

枧塘镇高峰村委翟家、大车头等自然村形成了名副其实的"一村一品"特色水产品养殖村,对全县特色水产养殖业发展和水产品产业结构的调整、开展综合农业、推进乡村振兴都具有重要的示范作用(彩图 38)。

无农药和化学污染的环境下收获的稻米、中华鳖品质高,产品无药物残留,稻米和中华鳖产品的价值增值 3 倍以上,其中米批发价格 16 元/千克、鳖销售价格达到 300 元/千克以上,实现了提质增效。

一方面通过参加龟鳖评比大赛和展销博览会等提升了稻鳖产品知名度,有效地打开了市场;另一方面通过农村电商平台进行线上销售,并结合休闲渔业、乡村旅游等带动快速销售。

第十五节　浙江南浔巴西龟庭院生态养殖模式实例

一、基本信息

南浔和孚峰惠水产养殖场建于 2013 年,养殖面积约 18 亩,主要从事多种名贵龟的繁育和销售。近年来,针对巴西龟养殖,尝试采用庭院生态养殖模式(彩图 39),培育种龟,结合少量温室繁育龟苗。在借鉴现有的庭院养殖模式基础上,结合自己的养殖特点,经过几年的试验,建立了一套以麝香龟为主,套养其他多种名贵龟类的方法,取得了较好的经济效益。

二、放养与收获情况

养殖池分为稚龟池、幼龟池和成龟池。稚龟池用水泥池,幼龟池、成龟池可用水泥池或土池。养殖池以长方形为好,池底平缓,池壁平滑。池内设高出水面 5～30 厘米,占全池面积 1/6～1/4 的陆地,边坡与池底相连。各池均设置饵料台。在养殖池池面种植一些常绿阔叶植物如水葫芦等作为生态遮阴设施。

1. 放养时间与密度

（1）稚龟 当水温达 22 ℃时可放苗，一般选择 5 月中下旬开始；放养密度根据个体体重调节，10 克以下 90～120 只/米²；10～25 克，70～90 只/米²；25～50 克，50～70 只/米²。

（2）幼龟 当水温达 22 ℃时可放苗。个体重 51～75 克，40～50 只/米²；75～100 克，30～40 只/米²；100～250 克，20～30 只/米²。

（3）食用龟 当水温达 22 ℃时可放苗。个体重 150～250 克，15～20 只/米²；250～500 克，8～15 只/米²；500 克以上，5～8 只/米²。

2. 捕捞情况

由于进行了分规格养殖，根据市场行情需要，除了种龟池进行长期稳定饲养，其他池分别按照不同规格的清池捕捞法进行。一旦养殖池捕捞结束，即可进行二次放苗。根据统计，每茬龟的存活率在 90% 左右。

三、养殖效益分析

根据 2019 年成本统计，主要繁育麝香龟，其中巨头麝香龟产苗数 300 只，单只价格约 500 元；剃刀麝香龟产苗数 1 500 只，每只 120 元；其他麝香龟产苗数 5 000 只，每只 40 元。全年除人工外成本合计仅约 1 万元，产值高达 53 万元。

四、经验与心得

（一）稚龟的饲养技术

1. 稚龟质量要求

外观体表洁净，脐部收敛良好，无病、无伤、无畸形，双眼有神，爬行迅速。

2. 养殖池及龟体消毒

放养前，养殖池用 20 毫克/升高锰酸钾或 10 毫克/升漂白粉泼洒，然后用清水冲洗干净。稚龟用 3％的食盐水浸泡 5～10 分钟后，用清水冲洗。

3. 饲料种类与投喂方法

（1）饲料种类 动物性饲料选择鱼、虾、蚯蚓、水蚤、水蚯蚓、黄粉虫、蝇蛆等；植物性饲料选择空心菜、嫩青瓜、苹果等；配合饲料选择稚龟配合饲料。

（2）投喂方法 动物性饲料切碎或搅成肉糜后投喂；稚龟配合饲料加适量水搅拌制成小团粒投喂，或把动物性饲料搅成肉糜与稚龟配合饲料拌合投喂；植物性饲料直接切成条状或片状投喂。每天早、中、晚各投喂 1 次。日投喂量占龟总体重的 5％～10％，以投喂后 1 小时内吃完为宜，视龟的摄食情况酌情增减。投喂的饵料要软、嫩、新鲜、适口，宜用多种饲料交替。

4. 日常管理

（1）巡池检查 每天早晚、喂料前后巡查龟池，检查龟的活动、摄食、生长情况以及防敌害、防逃、防盗等设施安全情况。定期检查、测定生长情况。

（2）水质管理 保持水位稳定，适时更换新水。水温 28 ℃以上时，每天换水 1～2 次；24～28 ℃时，1～2 天换水 1 次；24 ℃以下可少量换水。换水时温差不能超过 2 ℃。投喂完后及时清洗饵料台，清除水池中的污物、残饵。

（3）夏季管理 夏季当气温 30 ℃以上时，应采用遮阴、通风或加冰等降温措施，防止水温超过 30 ℃。

（4）越冬管理 冬季当气温 15 ℃以下时，可让其自然冬眠，但要保持水温在 5 ℃以上。低温季节，亦可利用加温设施，保持水温 28～30 ℃，进行投饵养殖。

（5）养殖记录 养殖全过程做好日常养殖记录，记录内容包括气温、水温、龟活动情况、饲料投喂情况、药物使用情况以及水质变化情况等，记录档案要保存 2 年以上。

（二）幼龟的饲养技术

1. 幼龟质量要求

规格一致，龟体完整，健壮活泼，头颈、四肢收缩灵活，无病、无伤、无畸形。

2. 饲料种类与投喂方法

（1）饲料种类　动物性饲料选择鱼、虾、蚯蚓、水蚤、水蚯蚓、黄粉虫、蝇蛆等；植物性饲料选择空心菜、嫩青瓜、苹果等；配合饲料选择幼龟配合饲料。

（2）投喂方法　小型动物性饲料直接投喂，大的动物性饲料切成小块或搅成肉糜后投喂；幼龟配合饲料加水搅拌制成团块投喂，或把肉糜与幼龟配合饲料拌合投喂；植物性饲料直接切成条状或片状投喂。每天早、中、晚各 1 次，具体投喂次数根据天气、温度适当调节；日投喂量占龟总体重的 3%～5%，以投喂后 1 小时内吃完为宜。投喂的饵料要软、嫩、新鲜、适口，宜用多种饲料交替投喂。

3. 日常管理

同稚龟日常管理方法。

（三）成龟的饲养技术

1. 饲料种类与投喂方法

（1）饲料种类　动物性饲料选择鱼、虾、蚯蚓、水蚤、水蚯蚓、黄粉虫、蝇蛆等；植物性饲料选择空心菜、嫩青瓜、苹果等；配合饲料选择成龟配合饲料。

（2）投喂方法　小型动物性饲料直接投喂，大的动物性饲料切成小块或搅成肉糜后投喂；幼龟配合饲料加水搅拌制成团块投喂，或把肉糜与成龟配合饲料拌合投喂；植物性饲料直接切成条状或片状投喂。每天早、中、晚各 1 次，具体投喂次数根据天气、温度适当调节；日投喂量占龟总体重的 3%～5%，以投喂后 1 小时内吃完为宜。投喂的饵料要软、嫩、新鲜、适口，宜用多种饲料交替投喂。

2. 日常管理

同稚龟日常管理方法。

五、上市与营销

目前该公司的麝香龟主要是供花鸟市场，作为观赏龟售卖，价格根据市场行情和龟的大小而定；此外，还有一部分龟作为种苗培养后，供应一些养殖户和养殖企业。其他如巴西龟可作为食用龟，龟肉和龟甲分离，龟肉供应当地农贸市场或特色酒店，龟甲供一些药厂。

第十六节　安徽乌龟二级快速养殖模式实例

一、基本信息

项旭东，安徽蓝田特种龟鳖有限公司法人，该公司位于安徽省芜湖市无为县陡沟工业集中区，成立于 2010 年 11 月，注册资金 2 000 万元，一期工程面积 215 亩，投资 7 600 多万元。先后被评为全国现代渔业种业示范场、农业部水产健康养殖示范场、安徽省农业产业化龙头企业、安徽省水产良种场等。目前该公司已完成无公害水产品产地认定和产品认证，通过了 ISO 9000 质量管理体系认证，强力打造"徽全"知名商标品牌。2015 年 12 月 3 日公司董事长项旭东当选为安徽省龟鳖协会会长，全力打造安徽龟鳖品牌，力争把安徽龟鳖产业推上新台阶，为安徽龟鳖产业健康发展作出积极的贡献。

二、放养与收获情况

1. 稚龟与成龟放养

（1）稚龟放养　采用全封闭、半地下、蒸汽加温、自动控温式温室恒温养殖，每个温室东西长 50 米，南北跨度 12 米，脊高 3 米。共有 20 个养殖池，每个池规格为 5 米×5 米×80 厘米，底为倒圆锥形，锥高 8～10 厘米，中间留排水口，底及四壁光滑。新池建好后要用清水浸泡几次才能使用。

6 月稚龟出壳且脐带完全自然消失后才可放养，稚龟放养规格约 5 克/只，密度 100 只/米^2。当天池内注水至距池边约 10 厘米处，便于稚龟因刚下水不适应而有地方躲避。稚龟底板娇嫩，长时间在水泥地面爬行容易造成出血发炎，因而第二天应将水位加深至距池边 2～3 厘米处。安徽蓝田特种龟鳖有限公司于 9 号温室内 20 个养殖池放养 5 克/只左右的稚龟 50 000 只。

（2）成龟放养 选择水源充足、水质良好、环境安静、便于管理的地方建池。池面积 33 公顷，建独立的进排水系统。四周砖砌水泥墙防逃，高 1 米，墙顶呈内"T"形，墙壁光滑，墙角弧形。池埂宽 2 米，供龟休息和晒背，埂上方搭建部分遮阳网，防止盛夏时乌龟被曝晒伤害。池内边坡比 1∶2，池深 1.5～1.8 米，水深 1.0～1.2 米，淤泥深不超过 20 厘米。池建好后用生石灰彻底清塘。

清明前每公顷水面投放活螺蛳 4.5 吨，不但可以为乌龟提供鲜活饵料，同时又能调节水质；4 月在池内部分浅滩处播种苦草子，5 月在池内部分浅滩处栽插轮叶黑藻，净化水质；池四周沿岸设置 1 米宽水葫芦带，供龟躲避和纳凉。池内水草覆盖率以 20%～30% 为宜。

6 月底，当外池内水温达 29 ℃时，选择晴好天气，放养在温室饲养 1 年、规格在 350 克左右的幼龟 1.5 万只/公顷。雄龟生长较缓慢，放养时雌雄比例控制在 4∶1。入池前幼龟用高锰酸钾清洗消毒，剔除受伤、体弱幼龟，让幼龟自行爬入池内。另外，早春套养鲢鳙冬片鱼种 1 500 尾/公顷，鲫鱼种 3 000 尾/公顷，利于清除残饵和粪便，调控水质。

2. 稚龟和成龟收获情况

翌年 6 月 27 日温室出池乌龟 41 256 只，成活率 82.51%，规格 350 克/只。于 0.33 公顷天然池塘中放养的 5 000 只龟种，10 月 24 日起捕成龟 4 728 只，平均规格 550 克/只，成活率 94.56%。

三、养殖效益分析

安徽蓝田特种龟鳖有限公司采用乌龟二级快速养殖法（陈德贵等，2014）效果良好，温室与天然生态联合养殖，缩短了养殖周期，经共计 16 个月左右的温室和室外池塘生态养殖，规格 5 克左右的稚龟长到 550 克左右的商品龟，成活率达 90% 以上，提高了经济效益。当年成龟销售 2 600.4 千克，价格 110 元/千克，收入 286 044 元。苗种、饲料、温室及人员工资等生产成本 125 000 元，实现利润 161 044 元，平均 483 132 元/公顷。

四、经验与心得

（一）温室养殖阶段

1. 饲养管理

（1）水温调控　建蓄水保温池，当水源温度低于 29 ℃时开始加温，保持温室内气温为 33～34 ℃、水温 31～32 ℃。高温期间不加温，当温室内气温超过 35 ℃时，要打开通风口和换气扇，加强空气对流，调整温室内气温，维持温室内气温在 33～34 ℃。

（2）饲料管理　稚龟入池后第二天开始投喂，饲料为稚龟全价颗粒饲料。开始投饵时量要少，逐步驯化稚龟吃全价颗粒饲料，待吃食正常后，每天分 3 次定时在池一边投喂，投饵量以投饵后 15～20 分钟吃完为标准，日投饵量为龟体重的 3%～5%。根据龟大小调整饲料粒径，逐步从 0 号料调整到 4 号料。要求饲料蛋白质含量在 38%～42%。温室内湿度大，饲料开袋后要尽快投喂，防止饲料变质。

（3）水质管理　由于温室养殖密度大，水温高，龟摄食能力强，排泄物多，残饵和粪便经发酵产生有害气体，水质容易恶化，要坚持每天排污 1 次，减轻龟粪便对龟的毒害；水位随龟的生长逐渐加深，最后至 40 厘米深；视水质情况，20 天左右换水 1 次，每次换水 1/3，新水温度要与原池水温基本相当，每次进新水后用碘制剂等消毒剂消毒水体 1 次；除投饵时间外，其余时间打开空气泵向水中充气增氧，有利于驱除水体中有害气体，氧化分解部分有机物，降解氨氮、亚硝酸盐，使水体能较长时间保持良好状态，减少换水次数；定期检测氨氮、亚硝酸盐含量，严防氨氮、亚硝酸盐超标。

（4）分池　当稚龟长到 150 克左右时开始分池，以 60 只/米^{2}的密度放养，每池幼龟的规格要基本相同。

2. 病害防治

温室养殖由于龟密度高，容易发生龟病，必须高度重视龟病的预防工作，做到防重于治。温室养殖过程中以预防为主，主要是定期用板蓝根、大黄、地榆、五倍子、大青叶、苦参、黄芩或板蓝根、野菊花等中药配伍煎汁拌饵投喂，预防真菌、细菌、病毒性病害。中草药用量为饲料干重的 2%。饵料中定期添加维生素 C、免疫多糖，以增强龟苗免疫力。每 20 天使用碘制剂对水体消毒 1 次，每 10～15 天使用 EM 菌调节水质 1 次。分池时轻拿轻放，避免龟呛水、受伤等，以减少幼龟发病率。乌龟温室池内出现的主要疾病为皮肤溃烂病，表现为四肢、颈部、尾部等皮肤糜烂或溃烂，伤口肿胀，严重时组织坏死，形成溃疡，有时爪脱落，四肢骨骼外露。原因是温室养殖密度高，龟相互咬伤后引发感染。治疗方法：发现病龟后，立即隔离，用碘制剂浸泡消毒后干养到痊愈，注意干养期间每天要给病龟喝水。

（二）池塘生态养殖

1. 饲养管理

（1）投饵　池四周沿水线处用石棉瓦设置若干半浸水式投饵台，饵料选用龟全价颗粒饲料（蛋白质含量 38%～40%）和新鲜野杂鱼，坚持"四定"投饵原则，每天傍晚投喂，视天气、水质情况灵活掌握投饵量，以第二天早晨无剩余为标准，日投饵量为龟体重的 4%～7%。由于龟胆小，摄食受惊后往往不敢再回来进食，因而投饵后要保持环境安静，减少人员进出，让龟自由摄食。

（2）水质管理　以水质清新、溶解氧丰富为目标做好水质管理工作。保持水深 1.0～1.2 米，透明度 40 厘米。根据水质情况，20 天左右换水 1 次，每次换水 1/4～1/3。每 15 天用生石灰 150～225 千克/公顷全池泼洒 1 次，以调节水质，维持池水 pH 在 7.5～8.5，注意泼洒生石灰水时不要泼洒到水葫芦和水草密集区，避免热生石灰水烫死水草。勤捞残草，防止残草腐烂破坏水质。选择晴好天气，每 15 天左右全池泼洒光合细菌 1 次，调节和改善水质，降解氨氮、亚硝酸盐。

（3）防逃、防偷　养殖池内转角和接口处要建成圆形，预防乌龟"叠罗汉"式翻越逃跑；进出水口、池边坡不容许有孔洞缝隙存在，防止乌龟顺势打洞逃跑。乌龟行动较缓慢，受惊后会缩头不动，易于被捕捉，因此要制定好值班、养狗等防盗管理措施。

2. 病害防治

乌龟室外养殖密度低、生态环境好，只要维护好池塘良性生态环境，注意水质调控，一般不易发病。常见疾病为龟壳上寄生纤毛虫、累枝虫等，龟体消瘦。防治方法：增加换水次数，防止水质老化；硫酸铜或硫酸锌全池泼洒，杀灭纤毛虫等寄生虫。另外，乌龟行动迟缓，防御敌害能力弱，天然养殖主要敌害为老鼠，预防措施是在防逃墙外安装鼠夹，杀灭老鼠。

在二级快速养殖中应注意把握以下技术环节：一是在温室培育中定期分池，共 1～2 次，利于幼龟生长；二是注重温室病害防治，乌龟虽然有较强的生命力，但在温室高密度养殖情况下病害发生较为严重，必须坚持以防为主的原则，采用中药配伍煎汁拌饵投喂，饵料中定期添加维生素 C、免疫多糖增强龟苗免疫力，定期使用碘制剂对水体消毒，定期使用 EM 菌调节水质；三是雄龟生长缓慢，在外塘养殖中以雌龟养殖为主，利于提高养殖产量；四是为提升商品龟品质，考虑在池塘养殖阶段增加新鲜野杂鱼投喂量，或将养殖

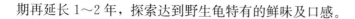

期再延长 1～2 年，探索达到野生龟特有的鲜味及口感。

五、上市与营销

全力打造龟鳖品牌，力争把龟鳖产业推上新的台阶；严格的管理制度、雄厚的技术力量和成熟的销售网络使该公司在国内同行业中具有较强的市场竞争力；不断完善公司管理，规划企业运作，力争挂牌上市，为公司后续做大做强储备发展力量。

第十七节 广西柳州鳄龟池塘仿生态养殖实例

一、基本信息

吴庆均，柳州市鑫鳖水产养殖专业合作社法人。该合作社位于柳州市柳南区太阳村镇太阳村，2009 年 4 月 3 日成立，主要从事家禽、水产品的饲养及销售。鉴于鳄龟味道鲜美，具有广阔的市场空间，2012 年 7 月至 2014 年 8 月，该合作社运用仿生态技术进行鳄龟养殖，并获得成功（罗勇胜，2016）。

二、放养与收获情况

选址环境要安静、背风向阳、地下水水源充足，水质清新良好无污染。鳄龟池为砖砌水泥结构，池内面用水泥浆抹平，以防鳄龟的皮肤被擦伤。池塘为东西向的长方形，约 400 米^2，深度 2 米。池底软泥厚度 10～20 厘米，池底硬泥层铺设排污管，于食台附近低洼处设置排水口，便于排污。龟池建成后用 150 毫克/升生石灰带水消毒，浸泡 7 天。投料台采用 80 厘米×80 厘米的大规格瓷砖拼接而成，与水面呈 30°倾斜，宽 1.6 米，长 5 米。投料台兼作晒背台。

龟苗放养之前 6 天，施放腐熟的有机肥 100 千克培肥水质。在龟苗养殖池中投放的凤眼莲，经 10 毫克/升高锰酸钾消毒 30 分钟后用清水冲洗，再放入池，投放面积约占水面的 1/3，供龟苗隐蔽。2012 年 7 月，投放 50 克/只规格均匀、体色一致、无病无伤、体质健壮、活动爬行有力的龟苗 1 000 只，放养密度为 2.5 只/米²。放养前用 1% 的盐水浸浴消毒 10 分钟。

2014 年 8 月，经 750 天的仿生态养殖，待成龟养殖池中大部分个体达商品规格后收获上市。收获时，排干池水，入池捕捉，将龟逐个清洗后分别装入布袋中，防止相互撕咬。共收获商品级鳄龟 810 只，成活率 81.0%，最大个体重 3.6 千克，最小个体重 1.8 千克，产量共 2 081 千克，均重 2.57 千克，平均产量 5.2 千克/米²。

三、养殖效益分析

养成的商品龟色泽好、活力强、肉质结实、卖相好，销售收入达 166 480 元，平均销售价格达到 80 元/千克。苗种 7 万元、饲料 16 387 元、水电 4 000 元、人工 5 000 元和渔药 1 000 元等成本费用共计 96 387 元，扣除成本后所得利润 70 093 元，投入产出比约为 1∶1.73，投资回报率高，经济效益显著。

四、经验与心得

1. 日常管理

保持池塘周边环境安静，早晚巡池，观察水质状况，掌握鳄龟的活动、摄食、生长情况。定期检查防逃设施，做好防逃和防鼠、蛇等工作。定时清除污物、残饵，及时处理病龟。测量水温，做好日常记录，建立养殖档案。

2. 饲养管理

饲料种类可分为动物性饲料（福寿螺、杂鱼、虾、蚌、蚯蚓、冰鲜鱼、动物肝脏等）、植物性饲料（新鲜南瓜、西瓜皮、青菜、胡萝卜等）和配合饲料（必须由正规厂家生产）。投喂应以动物性饲料（尤其是鱼肉）为主，植物性饲料、配合饲料为辅。投喂的饵料要求新鲜，经过消毒、切块后，用清水漂洗。试验采用动物性饲料去壳去骨后的纯肉与植物性饲料按 6：4 的比例一起搅碎制成肉糜，再经高温蒸煮、冷却后，呈长条形摆放在投料台上的方式投喂，每天投喂 2 次，投喂量为龟体重的 3%～5%，07:00 投喂 1 次，18:00 投喂 1 次，投喂 2 小时后将剩余饵料清除。

3. 水质管理

保持水位稳定，进行水质监测。调节水体透明度为 20 厘米，pH 7.5 左右。根据水质变化情况适时加换新水，保持池水"肥、活、嫩、爽"状态。让水中的绿藻、硅藻等适度繁殖，既可以补充水体溶解氧、抑制病原菌的繁殖、促进有机物分解，又能有效降低池水透明度，使鳄龟处于隐蔽状态，有利于防止鳄龟互相撕咬，降低继发性感染病菌的可能，提高养殖成活率。培植 30% 水面面积的凤眼莲、水花生等水生植物，或施放微生物制剂、光合细菌调节水质和底质。高温季节，每半个月用生石灰消毒池水一次，沉淀有害物质，每次用量 25～50 毫克/升。

4. 越冬管理

在 11 月当水温降至 12℃时，鳄龟即潜入池底泥沙中，不吃不动，进入冬眠状态。如果鳄龟冬眠前体质差，冬眠期间就会死亡，勉强越冬的不久也会染病而死。越冬前的 1 个月调整饲料组成，使龟鳖全价配合饲料、动物性饲料与植物性饲料的比例为 1：6：3，同时在饲料中添加 2%～3% 的复合维生素，促使其体内积蓄一定量的脂肪，满足越冬期间的能量需求。越冬期间的水位应保持在1.5 米左右，偶尔温度上升的时候，用 0.2 毫克/升的二氧化氯泼洒消毒。保持鳄龟池周围的环境安静，以免鳄龟受到惊吓而消耗能量。

5. 病害防治

坚持"防重于治"的原则。通过养殖条件的优化来预防病害，其中包括：①保持稳定的水温，鳄龟是变温动物，应避免水温急剧升降，避免鳄龟产生应激反应，以减少病害发生；②保证良好的水质，酸碱度、溶解氧、氨氮、亚硝态氮等水质因子均会影响鳄龟摄食和消化吸收，进而影响其抵抗力，保持良好且相对稳定的水质条件是防病的关键；③适当增强营养，在饲料中拌入适量维生素、骨粉或维生素 E，保证营养均衡，可增强鳄龟体质，预防疾病。

五、上市与营销

目前，合作社养殖水产品仍然以批发销售为主，辅以零售模式。同时，合作社积极打造区域品牌，加强与酒店餐饮业、水产品深加工企业的合作交流，努力拓展销售渠道，提升生态养殖龟鳖价值。

第十八节　广西南宁黄喉拟水龟庭院健康养殖实例

一、基本信息

孙少琴，南宁市仙葫经济开发区下洲村人，南宁市邕江龟鳖养殖场法人，该养殖场主要从事三线闭壳龟、山瑞、黄喉拟水龟、黄缘闭壳龟的驯养、繁殖和销售。针对目前黄喉拟水龟庭院养殖中出现的生长速度慢、饲养成本高和高密度养殖过程中容易患病的主要问题，该养殖场对黄喉拟水龟庭院养殖设施配套技术、养殖饲料搭配、饵料成本分析、投喂技术、水质调控、中草药防治和日常管理等技术进行试验研究，为黄喉拟水龟庭院健康养殖技术开发提供参考（孙少琴等，2017）。

二、放养与收获情况

1. 养殖箱
使用 3 层立体养殖箱，长 2 米，宽 1 米，高 0.8 米，箱体内安置有独立的进排水口及温控设备。使用前用浓度为 20 毫克/升的高锰酸钾进行浸泡消毒，再用清水反复冲洗后方可进行龟苗放养。前期放养密度为 40～50 只/米²，箱体水深以淹过龟背为宜，随着稚龟的不断长大再分箱养殖，放养时选择规格一致的稚龟在同一箱体养殖，避免由于大小不一在采食过程中以大欺小，对其生长及品相产生不利影响。第一年养殖保持温度在 30 ℃左右，冬天进行加温养殖，有利于龟苗顺利过冬，同时促进龟苗生长。

2. 养殖池

养殖池规格为 4 米×3 米×1 米，面积 12 米²，设有独立的进排水口，出水口处安置有铁丝防逃网，池底铺水泥地板，池内一角建有沙池，占池子面积的 1/10。池子中间放置有食台，台高 30 厘米，池上 1/3 搭盖防雨棚。有条件的可以在养殖池周围种植多种阴生植物，模拟自然环境，进行仿生态养殖，有利于黄喉拟水龟的健康生长。刚建好的养殖池应浸泡 1 个月，每周换水 1 次，反复浸泡 3～4 次，消除水泥毒性后方可放苗。过冬的龟苗在 4—5 月移至养殖池放养。放养前用高锰酸钾、漂白粉全池泼洒消毒。按照龟体的规格大小进行分养，放养密度为 20 只/米²。

2016 年 8 月至 2017 年 4 月初，该养殖场在室内立体养殖箱对 600 只 10 克左右的黄喉拟水龟稚龟进行控温养殖，水温保持在 29～31 ℃。2017 年 4 月中下旬放到室外养殖池进行养殖，截至 2017 年 8 月，成活 587 只，平均体重 546.2 克，取得了良好的养殖效果。

三、经验与心得

1. 饵料搭配及成本分析

黄喉拟水龟为杂食性动物，可投喂鱼、虾、螺肉、蚯蚓、肉糜、畜禽内脏等动物性饵料，也可投喂胡萝卜、土豆、西红柿、南瓜、香蕉等植物性饵料，动植物饵料搭配营养更均衡，能够满足黄喉拟水龟对各种营养成分的需求，改善其消化和营养状况，增加适口性，有利于黄喉拟水龟苗种的生长。黄喉拟水龟的不同生长时期的饵料搭配见表 5-24。

表 5-24　黄喉拟水龟不同生长时期的饵料成本分析

时间	成分比例	10 千克成本（元）
2016 年 8—9 月	虾肉糜（40%）、红萝卜（10%）、西红柿（10%）、配合饲料（40%）	96
2016 年 10—11 月	虾肉糜（30%）、红萝卜（20%）、土豆（15%）、配合饲料（35%）	86
2016 年 12 月至 2017 年 1 月	鱼肉糜（40%）、土豆（15%）、南瓜（15%）、配合饲料（30%）	88
2017 年 2—4 月	鱼肉糜（40%）、土豆（20%）、面料（10%）、配合饲料（30%）	88
2017 年 5—7 月	鱼肉糜（40%）、土豆（15%）、红薯（15%）、配合饲料（30%）	88
平均		89.2

　　饵料搭配与传统的纯鱼虾（70%）+配合饲料（30%）组合相比，能够显著降低饵料成本。本研究中，鱼虾肉按 10 元/千克，配合饲料按 12 元/千克，胡萝卜、西红柿、土豆、面料、红薯等按 4 元/千克计算。以每天投喂量为 10 千克为例，传统方法鱼虾糜（70%）+配合饲料（30%）的成本为 106 元/天。改进的饵料配方平均成本为 89.2 元/天（表 5-24）。改进的饵料配方成本与传统配方成本相比，降低了 15.85%，饵料成本明显降低。

　　2. 投喂技术

　　饵料要求鲜、嫩、软、适口，现做现喂，投喂遵循定时、定点、定质、定量的"四定"原则，让黄喉拟水龟形成规律的摄食习惯。每天投喂 2 次，分别是 08:00—09:00 和 17:00—18:00。投喂地点为养殖箱及养殖池内的投饵台。日投喂量为龟体重的3%~8%，根据季节、天气、食欲等调整投喂量，以 1 小时内吃完为宜。投喂 2 小时后，不管黄喉拟水龟是否吃完，都对养殖箱内的残饵进行收集和清洗，对养殖箱进行换水。每 3 天对养殖工具和食台用 20 毫克/升的高锰酸钾进行浸泡消毒。

3. 水质调控

在黄喉拟水龟养殖过程中，池水中残饵及稚龟排泄的粪便在水中不断地氧化和腐烂，产生氨氮、亚硝酸盐等有害物质，使水体变浊、水质变坏，影响龟的正常活动。在养殖箱中进行稚龟养殖，应每天换水 2 次，换水时间为投喂后 2 小时，保持水体清新。换水时须注意更换的水体温度与养殖箱内水体温度一致，防止感冒。在养殖池中，通过种植水生植物进行水质调控，种植的品种有水浮莲、水葫芦等，种植面积不超过养殖池的 1/3。在养殖池配养泥鳅、小鱼虾等净化水体，同时也作为生物饵料供黄喉拟水龟捕食。在建设养殖池时，应将投喂区和生活区分开，投喂后 1～2 小时，对投喂区进行清洗、换水，生活区则可以每 3～5 天换水一次，可以减少一定的工作量。高温季节，在养殖池顶部加盖遮阳网，提高更换水体频率，在养殖池周边种植阴生植物，通过仿生态方法进行降温及调水。

4. 中草药防治

分别采用药方一（苏叶、杏仁、陈皮、甘草、片姜黄）和药方二（柴胡、白芷、辛夷、苍耳子、防风、姜半夏、黄芪、党参、麦冬、五味子、炙甘草、杏仁、僵蚕）对黄喉拟水龟疾病进行预防和治疗。将上述药方每立方米水体 10～30 克煎熬成药水，对发病的黄喉拟水龟进行浸泡治疗，疗程为 1 周，疗程间隔 10 天左右，用于防治黄喉拟水龟的感冒、消化不良等病症，取得了不错的预防及治疗效果。

5. 日常管理

坚持每天对养殖箱及养殖池检查 3 次以上，随时掌握黄喉拟水龟的摄食及活动情况，若发现有患病症状，及时进行隔离观察和治疗，避免损失。日常操作时切忌大声喧哗，尽量保持安静，给黄喉拟水龟提供舒适和谐的环境。在过冬前，投喂的饲料中可添加适量酵母粉、龟鳖多维等，提高稚龟的抵抗力。养殖过程中，每隔 15 天对养殖池用 20 毫克/升的高锰酸钾进行洗刷和消毒。做好日常养殖记录。稚龟第一个冬季要在养殖箱内加温养殖，通过电加温方法，保持水温在 29～31 ℃，改变其冬眠习性，冬季保持正常生长速度，确保其顺利过冬。翌年放进室外养殖池进行常温仿生态养殖，保证养殖品质。

第十九节　广西南宁鳄龟微流山溪水高产养殖模式实例

一、基本信息

蒋洪峰，南宁市必兴龟鳖养殖农村专业合作社法人，该合作社位于南宁市青秀区伶俐镇武伶坡，成立于 2008 年，注册资金 203 万元人民币。该合作社以"专注、用心、服务"为核心价值，多年来秉承以用户需求为核心的理念，专注农、林、牧、渔行业，不仅提供专业的服务，还建立了完善的售后服务体系，为养殖户提供指导和帮助。为了探讨鳄龟的多种养殖模式，该合作社于 2015 年 4—11 月在示范场开展了鳄龟微流山溪水高产养殖（李凌波等，2016）。

二、放养与收获情况

放养前对养殖池进行改造。养殖池为水泥池，形状为长方形，池深 100 厘米，共 8 口，每口面积 12 米²。用砖、水泥砌成，池底平滑，池壁平整、光滑。池中用水泥瓦搭建成架空平台，占池总面积的 20%，斜坡入水，具有食台、休息、引坡三大功能；水泥瓦离水面 5 厘米，有利于龟在下面躲藏。离池面 2 米高处搭盖水泥瓦遮阳，用塑管做溢流，可以根据需要调节水深。放养前养殖池用 20 毫克/升的高锰酸钾溶液浸泡 30 分钟后排掉，加入新水备用。

鳄龟苗来自合作社示范场自繁自育的苗种，1 冬龄，个体大小基本一致，平均规格 523 克，生长良好，按每平方米投放 8 只，8 口池共投放 768 只。放养时龟苗用 1 毫克/升的二氧化氯溶液浸浴

10 分钟，以药液刚淹过龟背为宜。经过 228 天养殖，8 口池总产量
2 090.3 千克，平均个体重达到 2.85 千克，单产 21.77 千克/米²，
成活率 95.44%，详见表 5 - 25。

表 5 - 25　鳄龟养殖放养与收获情况

养殖品种	放养			收获			平均产量（千克/米²）
	时间	规格（千克）	数量（只）	时间	规格（千克）	存活率（%）	
鳄龟	2015 年 4 月	0.52	768	2015 年 11 月	2.85	95.44	21.77

三、养殖效益分析

按市场平均价格 60 元/千克计算，总收入 125 418 元，扣除总
成本 83 862.84 元，实现利润 41 555.16 元，鳄龟养殖经济效益见
表 5 - 26。

表 5 - 26　鳄龟养殖经济效益

总产量（千克）	平均价格（元/千克）	总收入（元）	总成本（元）	总利润（元）	平均利润（元/米²）	饲料系数
2 090.3	60	125 418	83 862.84	41 555.16	432.87	1.57

四、经验与心得

1. 水源、水质

养殖用水为山溪水，水温比气温偏低，所以先用塑料管引至蓄
水池备用，经曝晒调温合适后引至养殖池使用。因放养密度较大，
为保持养殖池良好水质，采取微流水养殖，即注水口和排水口常进
常出，相当于每天换水 2～3 次，夏天高温时加大注水量，阴雨低温
天气减少注水量，保持最高水温不超过 31 ℃，最低水温不低于 25 ℃。

2. 饲料、EM 菌

采用某饲料厂生产的龟专用膨化颗粒浮性饲料，粗蛋白质占

45％，粗脂肪 13％，粗纤维 2.4％，粗灰分 8％。日投饵率 1％～3％，日投喂 2 次，分别为 08：00—09：00 和 17：00—18：00，阴雨低温天气日投喂 1 次，一般以 1 小时吃完为好，残饵要及时清理。同时使用某企业生产的拌饲料内服用的液体 EM 菌，每 3 天用 1 次，用量为投饲量的 3％，加清水稀释后拌料投喂，即拌即用，有利于改善龟体内循环、提高饲料利用率。

3. 日常管理

每天早晚、投喂前后巡池检查，观察龟的活动、摄食、生长情况，检查有关设施，做好防逃、防敌害工作，发现问题及时处理。记录每天的天气、水温、投喂量等，做好日常养殖记录。经过一段时间的养殖，个体大小出现分化，及时调整分级，把大小相差不大的个体调整到同一池中饲养，以后每相隔一段时间，继续根据不同规格分开养殖，保持同池的龟规格一致。引用山溪水养殖，通过微流水模仿野生生态环境，实现高产高效养殖。山溪水水温偏低，通过蓄水池曝晒调温后使用，特别是夏天高温时，可以有效控制龟池水温不超过 31 ℃，减少病害发生，养殖成活率高达 95.44％。就地引用山溪水，成本低，保证了足够的换水量，满足了高密度养殖的水质要求。同时，该模式表明使用膨化配合饲料比传统养殖投喂冰鲜鱼生长速度快，对水质污染少；定期用 EM 菌拌饲料投喂，改善了龟的内循环，对加快其生长发育、提高产量、增强抗病力、降低饵料系数、减少抗应激反应有促进作用，粪便无臭味，提高饲料的利用率，提高了产品的质量安全水平。

第二十节 安徽枞阳稻龟共生案例

一、基本信息

安徽省枞阳县是安徽省种植大县，粮食作物以水稻为主，每年水稻产量稳步提高。枞阳县程鹏水产养殖有限公司位于枞阳县周潭镇澄英村，主要从事龟优良品种培育、龟规模标准化养殖及销售和技术服务，养殖品种包括中华草龟、黄缘闭壳龟、台湾草龟、巴西龟等。2016年，公司负责人章东升开始进行稻田养龟的研究，将稻田作物空间予以再次利用，在不影响水稻产量的前提下，不仅提高了水稻的品质，还大大提高了单位面积的经济效益。

二、种养与收获情况

1. 田间建设

开挖稻田总面积 3 万米^2，设有蓄水池 700 米^2 及维持水源充足的灌溉系统。每块稻田面积为 6 亩，最外层建了 2 米高的围墙，防止龟外逃，稻田周围为水泥护坡，坡度 30°～45°，供龟晒背、活动；内层用来种植水稻，中间用土堆建一个长 5 米、宽 1 米的方台，台中央放上沙土，供雌龟产卵。田间开几条水沟供龟栖息，沟深 20～30 厘米、宽 40～50 厘米。

2. 品种选择

（1）龟　选择产自本土，经过温室培育，体格健康的中华草龟。

（2）水稻　选择当地高产品种杂交糯稻。

3. 放养前准备

水稻大约 3 月 20 日种植，每块稻田约种植 1.5 亩，外围有 3.5 亩水面，水深 70～80 厘米，在西南角引入水葫芦用以净化水质。

4. 龟放养及管理

5 月中旬平均气温 28 ℃左右，适宜放养幼龟。幼龟初始均重约 300 克，每亩放养 500 只，雌雄比例一般为 3：2。每天定时定点投喂饵料，投放的饵料包括小鱼、福寿螺、小龙虾、河蚌肉等。可在稻田周围引入一些红萍、绿萍等小型水草供龟食用。每半个月在饲料中拌入中草药防治肠胃病，如铁苋、马齿苋、地锦草等。

5. 水稻田间管理

种养期间，稻田水位保持在 3～10 厘米即可。由于龟活动有耘田除草作用，且龟的排泄物、萍类可肥田，所以养龟稻田可以比水稻单作少施肥 50％ 左右。生产期间，底肥用了 50 千克菜籽饼，每亩稻撒尿素 15 千克，没有施其他化肥和农药。龟喜食田间昆虫、飞蛾等，且工人会在夜间开启杀虫灯捕虫，因此田间害虫甚少。

6. 龟与水稻收获

经过 5～6 个月的稻田养殖，中华草龟均重约 500 克，增重约 200 克，每亩稻田龟的存活率约为 80％，收获龟 400 只。水稻亩产约 250 千克。

三、种养效益分析

生态草龟养殖期间每亩共增重约 80 千克，按市场最低价 120 元/千克计，可获利润 9 600 元。水稻亩产 250 千克，折成大米 175 千克左右，有机米价格 20 元/千克，每亩产值 3 500 元。扣除场地维护、饲料、水电等成本约 2 000 元，每亩稻田有万余元利润。

四、经验与心得

稻田养龟是一种动植物在同一生态环境中互生互利的养殖新技术（彩图 40）。它具有不占用土地资源、节约饲养成本、降低田间虫害、减少稻田用肥量等优点。

稻田空间大，温湿度适宜，为龟创造了优越的生活空间，使龟产卵多、生长快。稻田养殖的商品龟秋后即能出售，若当年孵出的幼龟未达到出售规格，秋后可转入池内或室内饲养让其安全越冬。

参　考　文　献

陈德贵，季曙春，王旭，等，2014. 安徽乌龟二步法快速养殖技术研究
　　[J]. 现代农业科技（22）：248-249.

李凌波，蒋洪峰，2016. 鳄龟微流山溪水高产养殖试验 [J]. 海洋与渔业
　　（10）：62-63.

李诗言，张海琪，郑重莺，等，2015. 高效液相色谱-四极杆-飞行时间质
　　谱法筛查中华鳖中 42 种兽药残留 [J]. 中国渔业质量与标准，5（1）：
　　42-51.

凌关庭，2002. 保健食品原料手册 [M]. 北京：化学工业出版社.

刘彦，刘承初，2010. 甲鱼的营养价值与保健功效研究 [J]. 上海农业学
　　报，26（2）：93-96.

毛振尧，等，1986. 稻田养殖技术 [M]. 杭州：浙江科学技术出版社.

农业农村部渔业渔政管理局，全国水产技术推广总站，中国水产学会，
　　2020.2019 中国渔业统计年鉴 [M]. 北京：中国农业出版社.

潘月，2015. 湖州市温室龟鳖养殖废水污染现状与防治对策研究 [D]. 杭
　　州：浙江大学.

孙建兵，2011. 龟鳖养殖废水生态净化与资源化利用研究 [D]. 杭州：浙
　　江大学.

孙少琴，赵忠添，刘允洪，等，2017. 黄喉拟水龟庭院健康养殖技术 [J].
　　大众科技，19（9）：76-77.

田惠光，张兵，2002. 保健食品实用指南 [M]. 北京：化学工业出版社.

王道尊，汤峥嵘，潭玉钧，1998. 中华鳖生化组成的分析鱼虾类营养研究
　　进展 [M]. 青岛：青岛海洋大学出版社.

王扬，张海琪，周凡，等，2014. 中华鳖产品种类及主要加工技术研究现
　　状 [J]. 食品安全质量检测学报，5（12）：4068-4072.

吴湘，叶金云，吴昊，等，2012. 生态沟渠对中华鳖温室养殖排放水体的
　　净化效果 [J]. 水土保持学报，26（4）：231-234.

张超，张海琪，许晓军，等，2014. 中华鳖 2 个培育品系的 16S rRNA 基因多态性比较分析 [J]. 中国水产科学，21（2）：398‐404.

张海琪，何中央，徐晓林，等，2008. 中华乌鳖的营养成分研究 [J]. 中国水产（6）：76，78.

周婷，2004. 龟鳖分类图鉴 [M]. 北京：中国农业出版社.

周婷，陈如江，梁玉颜，等，2007. 龟病图说 [M]. 北京：中国农业出版社.

周婷，李丕鹏，2013. 中国杂交龟鳖及其命名 [J]. 蛇志，25（4）：402‐406.

彩图1　主要养殖龟（左）、鳖（右）

彩图2　乌龟背面观（左）和腹面观（右）

彩图3　乌　龟

彩图4　巴西龟

彩图5 三线闭壳龟

彩图6 黄缘闭壳龟

彩图7　黄喉拟水龟

彩图8　中华鳖

水 产 新 品 种 (2016)新品种证字第 13 号

证 书

新品种名称：中华鳖"浙新花鳖"　　品 种 登 记 号：GS-02-005-2015

培 育 单 位：浙江省水产引种育种中心、浙江清溪鳖业有限公司

该品种业经审定，根据农业部《水产原、良种审定办法》，特发此证。

二〇一六年二月 日

彩图9　中华鳖日本品系

水 产 新 品 种 (2008)新品种证字第 3 号

证 书 (副本)

新品种名称：清溪乌鳖　　品 种 登 记 号：GS01-003-2008

培 育 单 位：浙江清溪鳖业有限公司、浙江省水产引种育种中心

该品种业经审定，根据农业部《水产原、良种审定办法》，特发此证。

二〇〇九年 月二十 日

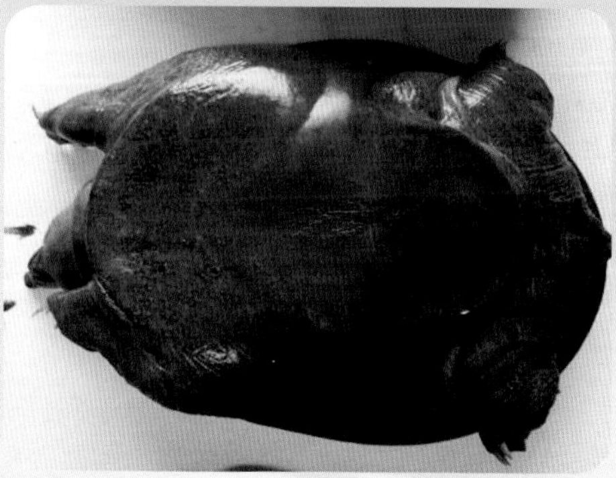

彩图10　清溪乌鳖

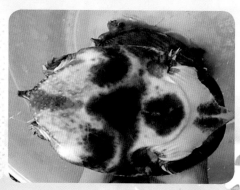

水 产 新 品 种 (2016)新品种证字第 13 号

证 书

新品种名称：中华鳖"浙新花鳖"　　品 种 登 记 号：GS-02-005-2015

培 育 单 位：浙江省水产引种育种中心、浙江清溪鳖业有限公司

该品种业经审定，根据农业部《水产原、良种审定办法》，特发此证。

二〇一六年 三月 日

彩图11　中华鳖"浙新花鳖"

彩图12　中华鳖生态精养

彩图13　稻田养鳖

彩图14　新型采光温室

彩图15　新型温室（太阳能装置）

彩图16　鳖虾混养

彩图17　进排水设施

彩图18　鱼沟（左：田埂边；右：稻田中间）

彩图19　鳖　坑

彩图20　防逃围栏

彩图21　防鸟网

彩图22　秧　板

彩图23　机械插秧

彩图24　沟边适当密植

彩图25　龟鳖池种稻

彩图26 挖取受精卵

彩图27 孵化床基质（左：蛭石；右：海棉）

彩图28 新型透光大棚温室

彩图29 清溪乌鳖稚鳖

彩图30 中华鳖养殖尾水处理和循环再利用模式

彩图31　浙江省杭州市余杭区龟鳖养殖尾水处理模式

彩图32　鳖沟与围栏设施

彩图33　食台设置

彩图34　生石灰消毒

彩图35　水稻收割

彩图36 阳光大棚养殖模式

彩图37 藕鳖共生

彩图38　稻鳖共生模式

彩图39　庭院养龟

彩图40　稻龟共生模式池塘